越玩越聪明的

哈佛数学

斗南/主编

北京联合出版公司
Beijing United Publishing Co.,Ltd.

图书在版编目（CIP）数据

越玩越聪明的哈佛数学 / 斗南主编 .—北京：北京联合出版公司，2014.6（2022.4 重印）

ISBN 978-7-5502-3058-3

Ⅰ.①越… Ⅱ.①斗… Ⅲ.①数学—计算方法—普及读物 Ⅳ.① O1-49

中国版本图书馆 CIP 数据核字（2014）第 100600 号

越玩越聪明的哈佛数学

主　　编：斗　南
责任编辑：王　巍　陈　昊
封面设计：韩　立
内文排版：北京东方视点数据技术有限公司

北京联合出版公司出版
（北京市西城区德外大街 83 号楼 9 层　100088）
北京德富泰印务有限公司印刷　新华书店经销
字数 238 千字　720 毫米 × 1020 毫米　1/16　14 印张
2014 年 7 月第 1 版　2022 年 4 月第 2 次印刷
ISBN 978-7-5502-3058-3
定价：58.00 元

前言

　　创建于1636年的美国哈佛大学，被誉为"高等学府王冠上的宝石"，无论是学校的名气、设备、教授阵容，还是学生的综合素质，都堪称世界一流。哈佛大学为商界、政界、学术界以及科学界培育出无数成功人士和时代巨子。对于哈佛大学这样的世界名校来说，培养学生建立一套行之有效的学习方法，远远要比仅获得优异的成绩更加重要。

　　在数学领域，哈佛数学的巨大价值已经在世界范围内得到广泛的认可，现如今，一股哈佛数学研习的热潮在美国、西欧、东南亚等地不断掀起。哈佛数学之所以会广受欢迎，主要原因是它能轻巧地为人们开启智慧之门。首先，哈佛数学简单易学，即使没有任何数学基础的人也能在短时间内掌握它；其次，学习哈佛数学的过程充满趣味，它给人做游戏和变魔术般的娱乐体验，这种体验恰恰是传统数学教育所欠缺的；最后，也是最重要的一点，哈佛数学能够让学习者终有所收获——系统学习过哈佛数学的人能够获得敏感的思维、创新的意识、严谨的逻辑推理能力。

　　本书介绍了多种速算、简算、巧算方法，内容涉及加法、减法、乘法、除法、分数、平方、平方根、数学谜题、空间图形等方面，每种方法包括基本规则、例题解析、强化练习三个部分，对解题技巧做了规律性的概括和总结，或是巧妙地化繁为简，或是运用图形进行解析，尽可能明了地对数学计算予以阐释，将枯燥乏味的数字变得有趣，让你在享受乐趣的同时，全面发掘大脑潜能，提高分析问题和解决问题的能力。

　　对于书中介绍的平方、平方根等内容，可能你已经从学校的教育中积累了这样的感受——这些内容简单而枯燥。但是读了本书后，你会发现神奇的数字可以组合出新的、有趣的、令你难以置信的简单运算，由此更简捷地得出最终答案。关于各个层面的几何问题，如从点到线、从线到面、从面到体，本书将这些内容按照"一维空间""二维空间""三维空间"的框架整理出来，用以激发右脑的能量，训练大家的观察力、形象思维能力、空间想象能力等。

"哈佛"蕴含无限魅力的哈佛智慧、哈佛思维、哈佛精神。作为一种具有超强影响力的思维方式，"哈佛"使人们能真实地感到什么是哈佛校训所说的"与真理为友"。数学是锻炼思维的体操，学好数学，让你受益一生。

通过学习本书的内容，你不仅可以提高运算能力，培养浓厚的学习兴趣、良好的学习习惯和积极的思维品质，还可以全面提升发现、概括、总结数学计算方法的能力。掌握了书中介绍的解题方法，能让你在考试中快速、准确地算出答案，从而节约大量时间，取得优异的成绩；让你在实际应用中巧妙、简单地解决棘手的问题，从而赢得赞许，获得嘉奖。

接下来，就请打开书，走进神奇、有趣的哈佛数学殿堂吧！

目录

第一章 　**加法运算**

第一节　补数思想之于加法 …………………………………………… 2

第二节　分组凑整 …………………………………………………… 4

第三节　基准数加法 ………………………………………………… 6

第四节　把多加的减掉 ……………………………………………… 8

第五节　连续数字相加 ……………………………………………… 10

第六节　任意数求总和 ……………………………………………… 12

第七节　格子算 ……………………………………………………… 16

第二章 　**减法运算**

第一节　基本减法——转化为加法 ………………………………… 22

第二节　补数思想之于减法 ………………………………………… 24

第三节　被减数与减数拆数凑整 …………………………………… 27

第四节　整百两侧的数相减 ………………………………………… 29

第五节　加上多减的，减去少减的 ………………………………… 31

第三章 　**乘法运算**

第一节　乘数是 3 …………………………………………………… 34

第二节　乘数是 4 …………………………………………………… 36

第三节　乘数是 5 …………………………………………………… 38

第四节　乘数是 6 …………………………………………………… 40

第五节　乘数是7 ……………………………………………… 42

第六节　乘数是8 ……………………………………………… 44

第七节　乘数是9 ……………………………………………… 46

第八节　乘数是11 …………………………………………… 48

第九节　乘数是12 …………………………………………… 51

第十节　乘数是15 …………………………………………… 53

第十一节　神奇的三角魔方 ………………………………… 55

第十二节　结网计数法 ……………………………………… 60

第四章　除法运算

第一节　除数是4 ……………………………………………… 66

第二节　除数是5 ……………………………………………… 68

第三节　除数是25 …………………………………………… 70

第四节　除数是125 ………………………………………… 72

第五节　除数以0.5结尾 …………………………………… 74

第六节　被除数、除数都是偶数 …………………………… 76

第七节　被除数大于100 …………………………………… 78

第八节　被除数小于100 …………………………………… 80

第九节　特殊除法竖式 ……………………………………… 82

第五章　分数运算

第一节　分子是1，分母没有公约数的分数相加 ………… 86

第二节　分子是1，分母有公约数的分数相加 …………… 88

第三节　分子不是1的分数相加 …………………………… 90

第四节　被减数、减数均大于$\frac{1}{2}$ …………………………… 92

第五节　被减数是带分数 …………………………………… 94

第六节　整数部分相同的带分数相乘 ……………………… 96

第七节　整数部分相邻，分数部分和为1的带分数相乘 ………… 98

第六章　平方与平方根

第一节　11～19之间的数的平方 ………………………… 102

目 录

第二节　26～49 之间的数的平方 ························· 104

第三节　尾数是 1 或 9 的两位数的平方 ···················· 106

第四节　个位是 5 的两位数的平方 ······················· 108

第五节　十位是 5 的两位数的平方 ······················· 110

第六节　91～99 之间的数的平方 ························· 112

第七节　任意两位数的平方 ···························· 114

第八节　任意三位数的平方 ···························· 116

第九节　三位数的平方根 ····························· 119

第七章　速算与简算

第一节　个位相同的两位数相乘 ························· 122

第二节　十位相同，个位相加为 10 的数相乘 ················· 124

第三节　十位相同的任意两位数相乘 ······················ 127

第四节　个位是 5 的数和偶数相乘 ······················· 130

第五节　与以 9 结尾的数相乘 ·························· 132

第六节　差为 2 的两位数相乘 ·························· 134

第七节　任意两位数相乘 ····························· 136

第八节　至少有一个乘数接近 100 ······················· 138

第九节　101～109 之间的两数相乘 ······················ 141

第十节　三位数乘以两位数 ···························· 144

第十一节　两个数中间存在整十、整百、整千数 ··············· 146

第十二节　任意三位数相乘 ···························· 149

第十三节　任意四位数相乘 ···························· 152

第八章　巧算与精算

第一节　数字魔方 ······························· 156

第二节　物不知数 ······························· 162

第三节　分配与交易 ······························ 167

第四节　一维空间——"线" ··························· 172

第五节　二维空间——"面" ··························· 179

第六节　三维空间——"体" ･･････････････････････････ 187

第九章　**估算与检验**

第一节　含 33 或 34 的乘法 ･･････････････････････ 192

第二节　含 49 或 51 的乘法 ･･････････････････････ 194

第三节　含 66 或 67 的乘法 ･･････････････････････ 196

第四节　除数是 33 或 34 ････････････････････････ 198

第五节　除数是 49 或 51 ････････････････････････ 200

第六节　除数是 66 或 67 ････････････････････････ 202

第七节　除数是 9 ････････････････････････････････ 204

第八节　除数是 11 ･･････････････････････････････ 206

第九节　数位和法 ････････････････････････････････ 208

第十节　11 余数法 ･･････････････････････････････ 211

第一章

加法运算

不同于物理与化学，数学是最不花钱的科学。它不需要任何昂贵的设备，而只需要笔和纸。

——乔治·波利亚

第一节
补数思想之于加法

基本规则

①两个加数中更接近整十、整百、整千，诸如此类的数加上它的补数。

②从另一个加数中减去这个补数。

③前两步的得数相加。

例题解析

例1： 28 + 53 = ?

第一步，28 比 53 更接近整十数，用 28 加上补数 2：

28 + 2 = 30

第二步，从 53 中减去 2：

53 - 2 = 51

第三步，前两步的得数相加：

30 + 51 = 81

最终答案：81

计算步骤图示
① 28 + 2 = 30
② 53 - 2 = 51
③ 30 + 51 = 81

例2： 195 + 357 = ?

第一步，195 比 357 更接近整百数，用 195 加上补数 5：

注意：虽然 357 和 360 只相差 3，但是，这道题将 195 转化成整百数会更简便。

195 + 5 = 200

第二步，从 357 中减去 5：

357 − 5 = 352

第三步，前两步的得数相加：

200 + 352 = 552

最终答案：552

计算步骤图示
①195+ 5 =200
②357− 5 =352
③200+ 352=552

例3：9997 + 234 = ？

第一步，9997 比 234 更接近整万数，用 9997 加上补数 3：

9997 + 3 = 10000

第二步，从 234 中减去 3：

234 − 3 = 231

第三步，前两步的得数相加：

10000 + 231 = 10231

最终答案：10231

计算步骤图示
①9997+ 3 =10000
②234− 3 =231
③10000+231=10231

强化练习

① 49 + 36 =　　　　　　② 98 + 27 =

③ 96 + 25 =　　　　　　④ 109 + 57 =

⑤ 158 + 38 =　　　　　　⑥ 1899 + 56 =

⑦ 2396 + 77 =　　　　　　⑧ 3398 + 423 =

⑨ 4996 + 451 =　　　　　　⑩ 9995 + 356 =

答案：

① 85　② 125　③ 121　④ 166　⑤ 196　⑥ 1955　⑦ 2473
⑧ 3821　⑨ 5447　⑩ 10351

基本规则

根据加法交换律、加法结合律，把加数适当交换位置并分组结合，使运算简便。

例题解析

例1：$46 + 39 + 85 + 61 + 15 + 54 = ?$

第一步，运用加法交换率和加法结合率将原式重新组合，得出：

$(46 + 54) + (39 + 61) + (85 + 15)$

第二步，$(46 + 54) + (39 + 61) + (85 + 15)$

$\quad\quad\quad = 100 + 100 + 100$

$\quad\quad\quad = 300$

最终答案：300

例2：$73 + 92 + 41 + 87 + 69 + 58 = ?$

第一步，运用加法交换率和加法结合率将原式重新组合，得出：

$(73 + 87) + (92 + 58) + (41 + 69)$

第二步，$(73 + 87) + (92 + 58) + (41 + 69)$

$\quad\quad\quad = 160 + 150 + 110$

$\quad\quad\quad = 420$

最终答案：420

例3：$37 + 85 + 153 + 63 + 15 + 147 = ?$

第一步，运用加法交换率和加法结合率将原式重新组合，得出：

$(37 + 63) + (85 + 15) + (153 + 147)$

第二步，$(37 + 63) + (85 + 15) + (153 + 147)$

$= 100 + 100 + 300$

$= 500$

最终答案：500

强化练习

① $25 + 81 + 27 + 9 + 75 + 23 =$

② $126 + 35 + 34 + 65 =$

③ $65 + 96 + 35 + 14 + 28 + 32 =$

④ $156 + 39 + 24 + 111 + 95 =$

⑤ $82 + 95 + 38 + 65 + 76 + 54 =$

⑥ $79 + 42 + 34 + 68 + 126 =$

⑦ $426 + 98 + 374 + 61 + 62 =$

⑧ $96 + 785 + 134 + 65 + 115 =$

⑨ $17 + 176 + 187 + 83 + 24 + 13 =$

⑩ $235 + 171 + 76 + 65 + 29 + 24 =$

答案：① 240 ② 260 ③ 270 ④ 425 ⑤ 410 ⑥ 349 ⑦ 1021
⑧ 1195 ⑨ 500 ⑩ 600

第三节
基准数加法

基本规则

遇到几个比较接近的数相加时，可以从这些数中间选择一个数作为计算的基础，这个数可以叫作"基准数"。计算的时候，找出每个数与基准数的差。大于基准数的部分作为加数，小于基准数的部分作为减数，然后把这些差累计起来。再加上基准数与项数的积，就是所求的结果。

例题解析

例1：$72 + 75 + 70 + 67 + 69 + 74 + 68 + 73 = ?$

第一步，找出基准数70，并求出基准数与项数的积：

$70 \times 8 = 560$

第二步，找出每个数与基准数的差。大于基准数的部分作为加数，小于基准数的部分作为减数，并且把这些差累计起来：

$2 + 5 - 3 - 1 + 4 - 2 + 3 = 8$

第三步，求和：

$560 + 8 = 568$

最终答案：568

例2：$138 + 125 + 96 = ?$

第一步，找出基准数100，并求出基准数与项数的积：

$100 \times 3 = 300$

第二步，找出每个数与基准数的差。大于基准数的部分作为加数，小于基准数的部分作为减数，并且把这些差累计起来：

$38 + 25 - 4 = 59$

第三步，求和：

$300 + 59 = 359$

最终答案：359

例3：$314 + 298 + 307 + 331 = ?$

第一步，找出基准数300，并求出基准数与项数的积：

$300 \times 4 = 1200$

第二步，找出每个数与基准数的差。大于基准数的部分作为加数，小于基准数的部分作为减数，并且把这些差累计起来：

$14 - 2 + 7 + 31 = 50$

第三步，求和：

$1200 + 50 = 1250$

最终答案：1250

强化练习

① $56 + 49 + 58 + 46 + 53 + 42 =$

② $81 + 79 + 77 + 83 + 86 + 75 =$

③ $93 + 117 + 105 + 96 + 95 =$

④ $35 + 26 + 34 + 29 + 30 + 25 =$

⑤ $62 + 69 + 58 + 53 + 65 + 54 =$

⑥ $77 + 75 + 64 + 69 + 79 + 62 =$

⑦ $203 + 195 + 197 + 208 + 220 =$

⑧ $525 + 497 + 506 + 486 + 517 =$

⑨ $48 + 41 + 39 + 45 + 47 + 33 =$

⑩ $109 + 117 + 132 + 98 + 115 + 94 =$

答案：

① 304　② 481　③ 506　④ 179　⑤ 361　⑥ 426　⑦ 1023

⑧ 2531　⑨ 253　⑩ 665

第四节
把多加的减掉

基本规则

遇到某些加数接近整十、整百、整千时，就先按照整十、整百、整千去加，然后再把多加的数减掉。

例题解析

例1： $683 + 994 = ?$

第一步，观察各个加数，找出相近的整十、整百、整千：

994 接近 1000

第二步，其中的一个加数加上整十、整百或整千……然后减去多加的数：

$$683 + 994$$
$$= 683 + 1000 - 6$$
$$= 1683 - 6$$
$$= 1677$$

最终答案：1677

例2： $525 + 1981 = ?$

第一步，观察各个加数，找出相近的整十、整百、整千：

1981 接近 2000

第二步，其中的一个加数加上整十、整百或整千……然后减去多加的数：

$$525 + 1981$$

$$=525+2000-19$$
$$=2525-19$$
$$=2506$$

最终答案：2506

例 3：$434+2983=?$

第一步，观察各个加数，找出相近的整十、整百、整千：

2983 接近 3000

第二步，其中的一个加数加上整十、整百或整千……然后减去多加的数：

$$434+2983$$
$$=434+3000-17$$
$$=3434-17$$
$$=3417$$

最终答案：3417

强化练习

① $3795+699=$　　　　② $1981+996=$

③ $1117+4992=$　　　　④ $7725+291=$

⑤ $78952+796=$　　　　⑥ $652+389=$

⑦ $4682+594=$　　　　⑧ $865+692=$

⑨ $779+556=$　　　　⑩ $2379+2911=$

答案：

① 4494　② 2977　③ 6109　④ 8016　⑤ 79748　⑥ 1041

⑦ 5276　⑧ 1557　⑨ 1335　⑩ 5290

第五节
连续数字相加

基本规则

　　连续算数数列是指在相邻数字之间具有相同的差的一系列数字，比如2，4，6，8，这些相邻数字的共同差是2。符合这一规律的数字相加，只要将两边的加数相加，如果是偶数个加数，则用两边加数的和乘以加数的对数；如果是奇数个加数，在乘以对数后还要加上中间的数字。

例题解析

例1：$11 + 13 + 15 + 17 + 19 = ?$

　　第一步，第一个数字和最后一个数字相加：

　　$11 + 19 = 30$

　　第二步，两边加数的和乘以加数的对数：

　　$30 \times 2 = 60$

　　第三步，加上中间数字15：

　　$60 + 15 = 75$

　　最终答案：75

例2：$27 + 28 + 29 + 30 = ?$

　　第一步，第一个数字和最后一个数字相加：

　　$27 + 30 = 57$

　　第二步，两边加数的和乘以加数的对数：

　　$57 \times 2 = 114$

　　最终答案：114

例3：31 +32 +33 +34 +35 =？

第一步，第一个数字和最后一个数字相加：

31 +35 =66

第二步，两边加数的和乘以加数的对数：

66 ×2 =132

第三步，加上中间数字33：

132 +33 =165

最终答案：165

强化练习

① 80 +81 +82 +83 +84 =

② 77 +78 +79 +80 +81 =

③ 100 +105 +110 +115 =

④ 106 +107 +108 +109 +110 =

⑤ 18 +20 +22 +24 +26 +28 =

⑥ 13 +15 +17 +19 +21 +23 =

⑦ 54 +55 +56 +57 +58 =

⑧ 63 +65 +67 +69 =

⑨ 40 +42 +44 +46 +48 =

⑩ 92 +93 +94 +95 +96 +97 =

答案：
① 410　② 395　③ 430　④ 540　⑤ 138　⑥ 108　⑦ 280
⑧ 264　⑨ 220　⑩ 567

第六节
任意数求总和

基本规则

①任意一列开始计算，总和不超过 11 的，直接作为动态总和；总和超过 11 的，减去 11，差作为动态总和，并做 1 个记号。

②记住动态总和与记号数。

③动态总和与记号数相加，然后加上其右邻的记号数。

例题解析

例1：
$$2917$$
$$325$$
$$+8014$$

第一步，对左边一列（也就是下面过程中的左边那些数字）从上到下进行心算，如下所示：

2

8 2 加 8，10。10 小于 11，所以直接变为动态总和，记号数为 0。

$$2917$$
$$325$$
$$8014$$

动态总和：10

记号：   0

第二步，对其他列也进行同样的操作。结果如下所示：

动态总和：10 1 4 5

记号：　　　0　1　0　1

第三步，我们通过将这些动态总和与记号数"加"到一起来得到最后的结果。这里的相加采用这样的方式：相对应的动态总和与记号数相加，再加上右邻的记号数。就像这样：

动态总和：10　1　4　5

记号：　　　0　1　0　1

　　　　　　　　　　　　　6　　　5 加 1 等于 6
　　　　　　　　　　　5　　　　4 加 0 加 1 等于 5
　　　　　　　　　2　　　　1 加 1 加 0 等于 2
　　　　　　　1　　　　10 加 0 加 1 等于 11，得 1 进 1

最终答案：11256

例 2：　　　　　　　3689

　　　　　　　　　　758

　　　　　　　　　9667

　　　　　　　　+6495

第一步，对左边一列（也就是下面过程中的左边那些数字）从上到下进行心算，如下所示：

3

9　3 加 9，12。12 大于 11，所以我们从 12 中减去 11。做一个记号，并用 1 再次开始。

6　1 加 6，7。

最后的数字 7 将被写在这一列的下面，作为"动态总和"。接下来，我们要数一下在我们减去 11 时所做的那些记号。在这个例子中共有多少个记号？1 个。所以我们在这一列下方写下 1 作为"记号数"。现在，这个例子看起来就像这样：

　　　　　　　　　3689

　　　　　　　　　758

　　　　　　　　　9667

　　　　　　　　　6495

动态总和：7

记号：　　　1

第二步，对其他列也进行同样的操作。结果如下所示：

3689

758

9667

6495

动态总和：7　1　6　7

记号：　　　1　2　2　2

第三步，我们通过将这些动态总和与记号数"加"到一起来得到最后的结果。这里的相加采用这样的方式：相对应的动态总和与记号数相加，再加上右邻的记号数。就像这样：

动态总和：0　7　1　6　7

记号：　　　0　1　2　2　2

9　　　7 加 2 等于 9

0　　　6 加 2 加 2 等于 10，得 0 进 1

6　　　1 加 2 加 2 加进位的 1 等于 6

0　　　7 加 1 加 2 等于 10，得 0 进 1

2　　　0 加 0 加 1 加进位的 1 等于 2

最终答案：20609

强化练习

① 1977	② 3685	③ 6548
1981	402	1110
25	7693	7523
27	174	438
362	6290	755
483	3583	1972
1117	8842	950
105	217	37
312	119	185

④　5477
　　9665
　　2746
　　8356
　　7499
　　5162
　　6875

⑤　1639
　50726
　19500
　7837
　6427
　　475
　8847

⑥　61598
　　50423
　　7246
　　744
　　42
　　9357
　　21

⑦　394
　1729
　413
　768
　114
　237
　1391
　173

⑧　165
　317
　83
　1171
　2985
　716
　583

⑨　314
　1114
　756
　13
　279
　3911
　771
　2288

答案：

①6389　②31005　③19518　④45780　⑤95451
⑥129431　⑦5219　⑧6020　⑨9446

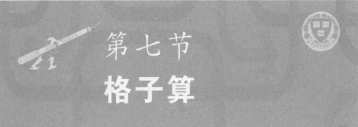

第七节
格子算

基本规则

在格子中做加法：
①画好格子，填入加数。
②从高位向低位依次将两个加数相同数位上的数字相加，答案写在交叉格子内，交叉格子里的数字满十，需向前一位进1。
③从高位向低位，将各个数位上的数字和依次相加。

例题解析

例 1：$35 + 26 = ?$

第一步，画好格子，按如下格式填入加数 35 和 26：

注意：这个位置一定要空出来。

+	↓	3	5
2			
6			
答			

第二步，将 35 和 26 相同数位上的数字相加：

先加十位上的数字：

+		3	5
2	→	5	
6			
答			

再加个位上的数字：

+		3	5
2		5	
6	→	1	1
答			

注意：11 满 10，个位上的 1 写在交叉格子里，十位上的 1 写在前一个格子中。

第三步，从十位向个位，将各个数位上的数字和依次相加：

+		3	5
2		5	
6		1	1
答		6	1

最终答案：61

例 2：457 + 214 = ?

第一步，画好格子，按如下格式填入加数 457 和 214：

+	4	5	7
2			
1			
4			
答			

第二步，将 457 和 214 相同数位上的数字相加：

先加百位上的数字：

+		4	5	7
2	→	6		
1				
4				
答				

再加十位上的数字：

+		4	5	7
2		6		
1			6	
4				
答				

最后加个位上数字：

+		4	5	7
2		6		
1			6	
4			1	1
答				

第三步，从百位向个位，将各个数位上的数字和依次相加：

+		4	5	7
2		6		
1			6	
4			1	1
答		6	7	1

最终答案：671

例 3：2769 + 35 = ？

第一步，画好格子，按如下格式填入加数 2769 和 35：

+		2	7	6	9
0					
0					
3					
5					
答					

注意：这样填数字，是错误的！

+		2	7	6	9
3					
5					
答					

注意：把两个位数不同的加数填入格子时，一定要记得用 0 把缺少的数位补齐，使两个加数拥有相同的位数，然后再计算。

第二步，将 2769 和 35 相同数位上的数字相加：

先加千位上的数字：

+	2	7	6	9
0	2			
0				
3				
5				
答				

然后加百位上的数字：

+	2	7	6	9
0	2			
0		7		
3				
5				
答				

再加十位上的数字：

+	2	7	6	9
0	2			
0		7		
3			9	
5				
答				

最后加个位上的数字：

+	2	7	6	9
0	2			
0		7		
3		9		
5			1	4
答				

第三步，从千位向个位，将各个数位上的数字和依次相加：

+	2	7	6	9
0	2			
0		7		
3			9	
5			1	4
答	2	7	10	4

注意：十位满10，需要向百位进1。

最终答案：2804

强化练习

① 48 + 25 =   ② 71 + 23 =

③ 27 + 43 =   ④ 104 + 236 =

⑤ 347 + 271 =   ⑥ 466 + 798 =

⑦ 1032 + 2431 =   ⑧ 3497 + 3506 =

⑨ 94 + 77 =   ⑩ 308 + 95 =

答案：

① 73   ② 94   ③ 70   ④ 340   ⑤ 618   ⑥ 1264   ⑦ 3463

⑧ 7003   ⑨ 171   ⑩ 403

第二章

减法运算

数学不但真实，还异常地美丽。数学的美具有一种冷静、严密的特质，好像一件雕塑品，极度纯净又接近绝对完美，就像最伟大的艺术家的作品那样令人感动。

——罗素

第一节
基本减法——转化为加法

基本规则

运用加减法互为逆运算原理，将减法转化为加法进行运算（通过前面的练习，我们已经对加法运算十分熟练了，所以计算减法时，我们不减反加）。

例题解析

例 1：$32 - 18 = ?$

第一步，思考 $18 + ? = 32$。

第二步，$18 + 10 = 28$，$28 + 4 = 32$。18 加了 10 和 4 后才等于 32，所以 10 与 4 的和就是问题的答案。

最终答案：14

例 2：$927 - 525 = ?$

第一步，思考 $525 + ? = 927$。

第二步，$525 + 400 = 925$，$25 + 2 = 27$。所以 400 与 2 的和就是问题的答案。

最终答案：402

例 3：$875 - 213 = ?$

第一步，思考 $213 + ? = 875$。

第二步，$213 + 600 = 813$，$13 + 62 = 75$。所以，600 与 62 的和就是

问题的答案。

最终答案：662

例 4：2139 − 722 = ?

第一步，思考 722 + ? = 2139。

第二步，722 + 1400 = 2122，2122 + 17 = 2139。所以，1400 与 17 的和就是问题的答案。

最终答案：1417

强化练习

① 67 − 55 =　　　　② 48 − 14 =

③ 98 − 13 =　　　　④ 386 − 105 =

⑤ 985 − 624 =　　　⑥ 482 − 374 =

⑦ 118 − 27 =　　　　⑧ 664 − 358 =

⑨ 821 − 107 =　　　⑩ 553 − 246 =

答案：

　　① 12　② 34　③ 85　④ 281　⑤ 361　⑥ 108　⑦ 91

⑧ 306　⑨ 714　⑩ 307

第二节
补数思想之于减法

基本规则

需要借位的减法运算：

①将被减数分解成两部分：

整十、整百或整千数（小于被减数）和余下的数。

②将减数分解成两部分：

整十、整百或整千数（大于减数）和补数。

③将前两步中的整十、整百或整千数相减，将余下的数和补数相加。

④将第三步中的两个结果相加。

例题解析

例1：$52 - 8 = ?$

第一步，将被减数 52 分解成整十数 50 和余下的数 2：

$$52 \longrightarrow 50 \quad 2$$

第二步，将减数 8 分解成整十数 10 和补数 2：

$$8 \longrightarrow 10 \quad 2$$

第三步，整十数 50 减去 10，余下的数 2 加上补数 2：

$$50 - 10 = 40 \qquad 2 + 2 = 4$$

第四步，将 40 和 4 相加：

$$40 + 4 = 44$$

提示：当 52-8 变成 50-10 后，被减数比原来少 2，减数比原来多

2；因此，要在 $50-10$ 的基础上加 4。

最终答案：44

例 2： $47-18=?$

第一步，将被减数 47 分解成整十数 40 和余下的数 7：

$47 \longrightarrow 40 \quad 7$

第二步，将减数 18 分解成整十数 20 和补数 2 两部分：

$18 \longrightarrow 20 \quad 2$

第三步，整十数 40 减去 20，余下的数 7 加上补数 2：

$40-20=20 \quad 7+2=9$

第四步，将 20 和 9 相加：

$20+9=29$

最终答案：29

例 3： $113-59=?$

第一步，将被减数 113 分解成整百数 100 和余下的数 13：

$113 \longrightarrow 100 \quad 13$

第二步，将减数 59 分解成整十数 60 和补数 1：

$59 \longrightarrow 60 \quad 1$

第三步，整百数 100 减去整十数 60，余下的数 13 加上补数 1：

$100-60=40 \quad 13+1=14$

第四步，将 40 和 14 相加：

$40+14=54$

最终答案：54

例 4： $435-146=?$

第一步，将被减数 435 分解成整百数 400 和余下的数 35 两部分：

$435 \longrightarrow 400 \quad 35$

第二步，将减数 146 分解成整十数 150 和补数 4 两部分：

146 ————————→ 150   4

第三步，整百数 400 减去整十数 150，余下的数 35 加上补数 4：

400 − 150 = 250   35 + 4 = 39

第四步，将 250 和 39 相加：

250 + 39 = 289

最终答案：289

例 5：1039 − 215 = ?

第一步，将被减数 1039 分解成整千数 1000 和余下的数 39 两部分：

1039 ————————→1000   39

第二步，将减数 215 分解成整十数 220 和补数 5 两部分：

215 ————————→ 220   5

第三步，整千数 1000 减去 220，余下的数 39 加上补数 5：

1000 − 220 = 780   39 + 5 = 44

第四步，将 780 和 44 相加：

780 + 44 = 824

最终答案：824

强化练习

① 74 − 9 =   ② 91 − 53 =

③ 801 − 65 =   ④ 812 − 298 =

⑤ 1622 − 37 =   ⑥ 2561 − 489 =

⑦ 921 − 73 =   ⑧ 1599 − 241 =

⑨ 3218 − 725 =   ⑩ 1179 − 654 =

答案：

① 65   ② 38   ③ 736   ④ 514   ⑤ 1585   ⑥ 2072   ⑦ 848

⑧ 1358   ⑨ 2493   ⑩ 525

第三节
被减数与减数拆数凑整

基本规则

将被减数或者减数拆分。如 16 可以看作是 $10 + 6$，然后进行计算，这样可以提高运算速度。

例题解析

例 1： $120 - 76 = ?$

第一步，将减数 76 分成两部分：

$76 = 70 + 6$

第二步，120 减 70：

$120 - 70 = 50$

第三步，50 减 6：

$50 - 6 = 44$

最终答案：44

例 2： $175 - 29 = ?$

第一步，将被减数 175 分成两部分：

$175 = 150 + 25$

第二步，25 减 29：

$25 - 29 = -4$

第三步，150 加 -4：

$150 + (-4) = 146$

最终答案：146

例 3：$274 - 109 = ?$

第一步，将被减数 274 分成两部分：

$274 = 270 + 4$

第二步，将减数 109 分成两部分：

$109 = 100 + 9$

第三步，270 减 100，4 减 9：

$270 - 100 = 170$

$4 - 9 = -5$

第四步，170 加 -5：

$170 + (-5) = 165$

最终答案：165

 强化练习

① $754 - 539 =$ ② $863 - 448 =$

③ $528 - 319 =$ ④ $642 - 313 =$

⑤ $995 - 217 =$ ⑥ $422 - 313 =$

⑦ $323 - 109 =$ ⑧ $676 - 428 =$

⑨ $1295 - 723 =$ ⑩ $3185 - 609 =$

答案：
① 215   ② 415   ③ 209   ④ 329   ⑤ 778   ⑥ 109   ⑦ 214
⑧ 248   ⑨ 572   ⑩ 2576

第四节
整百两侧的数相减

基本规则

　　将两数与整百相减的得数相加（以一个整百数为基准数，这种方法只适用于一个数大于基准数，另一个数小于基准数的情况）。

例题解析

例 1： $134 - 97 = ?$

　　第一步，计算 134 比 100 大多少：

　　$134 - 100 = 34$

　　第二步，计算 97 比 100 小多少：

　　$100 - 97 = 3$

　　第三步，将两个差相加：

　　$34 + 3 = 37$

　　最终答案：37

例 2： $162 - 83 = ?$

　　第一步，计算 162 比 100 大多少：

　　$162 - 100 = 62$

　　第二步，计算 83 比 100 小多少：

　　$100 - 83 = 17$

　　第三步，将两个差相加：

　　$62 + 17 = 79$

　　最终答案：79

例 3：529 − 192 = ？

第一步，计算 529 比 200 大多少：

529 − 200 = 329

第二步，计算 192 比 200 小多少：

200 − 192 = 8

第三步，将两个差相加：

329 + 8 = 337

最终答案：337

例 4：774 − 382 = ？

第一步，计算 774 比 400 大多少：

774 − 400 = 374

第二步，计算 382 比 400 小多少：

400 − 382 = 18

第三步，将两个差相加：

374 + 18 = 392

最终答案：392

强化练习

① 754 − 233 =　　　　② 827 − 614 =

③ 468 − 235 =　　　　④ 659 − 338 =

⑤ 746 − 415 =　　　　⑥ 928 − 615 =

⑦ 675 − 423 =　　　　⑧ 558 − 146 =

⑨ 957 − 336 =　　　　⑩ 577 − 291 =

答案：

① 521　② 213　③ 233　④ 321　⑤ 331　⑥ 313　⑦ 252

⑧ 412　⑨ 621　⑩ 286

第五节
加上多减的，减去少减的

基本规则

减数以零结尾（如 10，20，30）的问题很简单。所以若将减数凑成 10 或者是 10 的倍数（减数转化成以零结尾的数），计算起来就方便多了。

例题解析

例 1：$76 - 29 = ?$

第一步，用被减数 76 减去 30：

$76 - 30 = 46$

第二步，加上多减的（$30 - 29 = 1$）：

$46 + 1 = 47$

最终答案：47

例 2：$128 - 33 = ?$

第一步，用被减数 128 减去 30：

$128 - 30 = 98$

第二步，减去少减的（$33 - 30 = 3$）：

$98 - 3 = 95$

最终答案：95

例3：$296 - 142 = ?$

第一步，用被减数 296 减去 150：

$296 - 150 = 146$

第二步，加上多减的（$150 - 142 = 8$）：

$146 + 8 = 154$

最终答案：154

例4：$727 - 209 = ?$

第一步，用被减数 727 减去 200：

$727 - 200 = 527$

第二步，减去少减的（$209 - 200 = 9$）：

$527 - 9 = 518$

最终答案：518

强化练习

① $179 - 53 =$　　　　　② $181 - 67 =$

③ $252 - 127 =$　　　　　④ $349 - 218 =$

⑤ $367 - 146 =$　　　　　⑥ $455 - 121 =$

⑦ $795 - 469 =$　　　　　⑧ $586 - 327 =$

⑨ $872 - 309 =$　　　　　⑩ $625 - 294 =$

答案：

① 126　② 114　③ 125　④ 131　⑤ 221　⑥ 334　⑦ 326

⑧ 259　⑨ 563　⑩ 331

第三章

乘法运算

硬说数学科学无美可言的人是错误的。美的主要形式是
秩序、匀称与明确。

——亚里士多德

第一节
乘数是3

基本规则

①用 10 减去被乘数的个位数，再加倍。如果这一位数字是奇数还要加上 5。

②用 9 依次减去被乘数其他各位数，再把得到的结果加倍，然后加上邻数（右边一位数字）的一半。如果这些数字是奇数还要加上 5。

③被乘数的左端数字减半，然后再减 2。

例题解析

例 1：$2588 \times 3 = ?$

第一步，10 减 8，加倍；没有邻数，等于 4：

$$\underline{02588 \times 3} \atop 4$$

第二步，9 减 8，加倍；加上 8 的一半，等于 6：

$$\underline{02588 \times 3} \atop 64$$

第三步，9 减 5，加倍；加上 8 的一半，加 5，等于 17，得 7 进 1：

$$\underline{02588 \times 3} \atop \dot{7}64$$

第四步，9 减 2，加倍，加上 5 的一半（取 2），加进位的 1 等于 17，得 7 进 1：

$$\underline{02588 \times 3} \atop \dot{7}764$$

最后一步，2 的一半加上进位的 1，减去 2 等于 0：

$\underline{02588 \times 3}$
07764
最终答案：7764

例2：$525 \times 3 = ?$

第一步，10 减个位数 5，加倍，奇数再加 5，等于 15，得 5 进 1：

$\underline{0525 \times 3}$
　　5

第二步，9 减 2，加倍，加上 5 的一半（取 2），加进位的 1，等于 17，得 7 进 1：

$\underline{0525 \times 3}$
　　75

第三步，9 减 5，加倍，加 2 的一半，奇数再加 5，加进位的 1 等于 15，得 5 进 1：

$\underline{0525 \times 3}$
　575

第四步，5 减半取 2，加进位的 1，减 2，得 1：

$\underline{0525 \times 3}$
1575

最终答案：1575

强化练习

① $5231 \times 3 =$　　　　② $4689 \times 3 =$
③ $2573 \times 3 =$　　　　④ $5649 \times 3 =$
⑤ $357 \times 3 =$　　　　⑥ $65421 \times 3 =$
⑦ $9562 \times 3 =$　　　　⑧ $7681 \times 3 =$
⑨ $3172 \times 3 =$　　　　⑩ $2507 \times 3 =$

答案：
① 15693　② 14067　③ 7719　④ 16947　⑤ 1071
⑥ 196263　⑦ 28686　⑧ 23043　⑨ 9516　⑩ 7521

第二节
乘数是 4

基本规则

4 的乘法很简单，只要将数加倍，再加倍就可以了。比如 5×4，就是 5 加倍等于 10，10 加倍等于 20。

例题解析

例 1： $13 \times 4 = ?$

第一步，将 13 加倍：

$13 \times 2 = 26$

第二步，将 26 加倍：

$26 \times 2 = 52$

最终答案：52

例 2： $23 \times 4 = ?$

第一步，将 23 加倍：

$23 \times 2 = 46$

第二步，将 46 加倍：

$46 \times 2 = 92$

最终答案：92

例 3： $35 \times 4 = ?$

第一步，将 35 加倍：

$35 \times 2 = 70$

第二步，将 70 加倍：

$70 \times 2 = 140$

最终答案：140

例 4：$64 \times 4 = ?$

第一步，将 64 加倍：

$64 \times 2 = 128$

第二步，将 128 加倍：

$128 \times 2 = 256$

最终答案：256

例 5：$37 \times 4 = ?$

第一步，将 37 加倍：

$37 \times 2 = 74$

第二步，将 74 加倍：

$74 \times 2 = 148$

最终答案：148

强化练习

① $15 \times 4 =$ ② $18 \times 4 =$

③ $35 \times 4 =$ ④ $27 \times 4 =$

⑤ $42 \times 4 =$ ⑥ $25 \times 4 =$

⑦ $30 \times 4 =$ ⑧ $77 \times 4 =$

⑨ $53 \times 4 =$ ⑩ $48 \times 4 =$

答案：

① 60   ② 72   ③ 140   ④ 108   ⑤ 168   ⑥ 100   ⑦ 120

⑧ 308   ⑨ 212   ⑩ 192

第三节
乘数是 5

基本规则

将邻数减半，如果"本数"是奇数，减半后的邻数再加 5。

例题解析

例 1：$426 \times 5 = ?$

第一步，6 为偶数，不需要加 5；而且也没有邻数，写下 0：

$$\frac{0426 \times 5}{0}$$

第二步，看到 2，取 6 的一半，写下 3：

$$\frac{0426 \times 5}{30}$$

第三步，看到 4，取 2 的一半，写下 1：

$$\frac{0426 \times 5}{130}$$

第四步，看到 0，取 4 的一半，写下 2：

$$\frac{0426 \times 5}{2130}$$

最终答案：2130

例 2：$283 \times 5 = ?$

第一步，3 为奇数，而且也没有邻数，写下 5：

$$\frac{0283 \times 5}{5}$$

第二步，看到8，写下1（3的一半取1）：

$$\frac{0283 \times 5}{15}$$

第三步，看到2，取8的一半，写下4：

$$\frac{0283 \times 5}{415}$$

第四步，看到0，取2的一半，写下1：

$$\frac{0283 \times 5}{1415}$$

最终答案：1415

另外，乘数为5的乘法还可以运用求被乘数的一半再乘以10的方法进行运算，也能够提高运算速度。

比如：$12 \times 5 = 12 \div 2 \times 10 = 60$。

 强化练习

① $444 \times 5 =$ ② $428 \times 5 =$

③ $424882 \times 5 =$ ④ $434 \times 5 =$

⑤ $647 \times 5 =$ ⑥ $256413 \times 5 =$

⑦ $7781 \times 5 =$ ⑧ $1727 \times 5 =$

⑨ $2695 \times 5 =$ ⑩ $3178 \times 5 =$

答案：

① 2220   ② 2140   ③ 2124410   ④ 2170   ⑤ 3235

⑥ 1282065   ⑦ 38905   ⑧ 8635   ⑨ 13475   ⑩ 15890

第四节 乘数是6

基本规则

被乘数中的每一位数字都加上邻数的"一半"，如果这个数字是奇数，再加5。

例题解析

例1：622084 × 6 = ?

第一步，4没有"邻数"，不需要加任何数：

0622084 × 6
　　　　4

第二步，第二位数字是8，加邻数4的一半，等于10，得0进1：

0622084 × 6
　　　'04

第三步，下一位数字是0，邻数为8。0加8的一半，再加上进位的1，等于5：

0622084 × 6
　　504

第四步，依照上一步，分别对2、2、6和0进行处理得出：

0622084 × 6
3732504

最终答案：3732504

例2: 443053 × 6 = ?

第一步，3 是奇数且没有邻数，所以，3 + 5 等于 8:

$$\frac{0443053 \times 6}{8}$$

第二步，5 是奇数，5 加 5 再加 2 的一半，等于 11，得 1 进 1:

$$\frac{0443053 \times 6}{18}$$

第三步，5 的一半取 2；然后加上进位的 1，等于 3:

$$\frac{0443053 \times 6}{318}$$

第四步，依照上一步，分别对 3、4、4 和 0 进行处理，得出:

$$\frac{0443053 \times 6}{2658318}$$

最终答案: 2658318

强化练习

① 7962 × 6 =   ② 8237 × 6 =

③ 3569 × 6 =   ④ 4865 × 6 =

⑤ 6250183 × 6 =   ⑥ 4539276 × 6 =

⑦ 37692 × 6 =   ⑧ 95368 × 6 =

⑨ 5314 × 6 =   ⑩ 27513 × 6 =

答案:

① 47772   ② 49422   ③ 21414   ④ 29190   ⑤ 37501098
⑥ 27235656   ⑦ 226152   ⑧ 572208   ⑨ 31884   ⑩ 165078

第五节
乘数是 7

基本规则

将"本数"加倍再加邻数的一半；如果"本数"是奇数，再加 5（与乘数是 6 的法则相似）。

例题解析

例 1：4242 × 7 = ？

这个数中没有奇数，所以我们不需要额外加上 5。对于这个例子，过程与乘以 6 的过程基本相同，唯一不同的是现在我们还要进行加倍计算：

第一步，将"本数"2 加倍：

$$\underline{04242} \times 7$$
$$4$$

第二步，将 4 加倍，再加邻数 2 的一半，得到 9：

$$\underline{04242} \times 7$$
$$94$$

第三步，将 2 加倍，再加邻数 4 的一半，得到 6：

$$\underline{04242} \times 7$$
$$694$$

第四步，将 4 加倍，再加邻数 2 的一半，得到 9：

$$\underline{04242} \times 7$$
$$9694$$

最后一步，将 0 加倍，还是 0，不过还要加上邻数 4 的一半，得到 2：

$$\frac{0\underline{4242} \times 7}{29694}$$

最终答案：29694

例 2：$417 \times 7 = ?$

第一步，"本数" 7 是奇数，将 7 加倍，这里没有邻数，再加 5，等于 19，得 9 进 1：

$$\frac{0417 \times 7}{\dot{9}}$$

第二步，将 1 加倍，加 5（1 是奇数），加进位的 1，再加上邻数 7 的一半（取 3），等于 11，得 1 进 1：

$$\frac{0417 \times 7}{\dot{1}9}$$

第三步，4 加倍，加进位的 1，再加邻数 1 的一半（取 0），等于 9：

$$\frac{0417 \times 7}{919}$$

第四步，0 加倍还是 0，再加上邻数 4 的一半，等于 2：

$$\frac{0417 \times 7}{2919}$$

最终答案：2919

强化练习

① $3721 \times 7 =$　　　　② $6438 \times 7 =$

③ $364 \times 7 =$　　　　④ $7725 \times 7 =$

⑤ $810923 \times 7 =$　　　　⑥ $1117 \times 7 =$

⑦ $4476 \times 7 =$　　　　⑧ $724 \times 7 =$

⑨ $59132 \times 7 =$　　　　⑩ $21983 \times 7 =$

答案：

① 26047　② 45066　③ 2548　④ 54075　⑤ 5676461
⑥ 7819　⑦ 31332　⑧ 5068　⑨ 413924　⑩ 153881

第六节
乘数是 8

基本规则

①用 10 减去被乘数的个位数，再加倍，得到答案的个位数字。
②用 9 减去其他各位数字，把得到的结果加倍，然后加上邻数。
③用被乘数的左端数字减去 2，结果作为答案的左端数字。

例题解析

例1：$789 \times 8 = ?$

第一步，用 10 减去被乘数个位数字 9，然后再加倍，等于 2：

$$\frac{0789 \times 8}{2}$$

第二步，用 9 减去中间数字 8，加倍，再加上邻数 9，等于 11，得 1 进 1：

$$\frac{0789 \times 8}{12}$$

第三步，用 9 减去中间数字 7（前面有 0），加倍，再加邻数 8，加进位的 1，等于 13，得 3 进 1：

$$\frac{0789 \times 8}{312}$$

第四步，被乘数左端数字 7 减去 2，加进位的 1，等于 6：

$$\frac{0789 \times 8}{6312}$$

最终答案：6312

例2：$124 \times 8 = ?$

第一步，用10减去被乘数个位数字4，然后加倍，等于12，得2进1：

$$\underline{0124} \times 8$$
$$\overset{.}{2}$$

第二步，用9减去中间数字2，加倍，加上邻数4，再加进位的1，等于19，得9进1：

$$\underline{0124} \times 8$$
$$\overset{.}{9}2$$

第三步，用9减去中间数字1（前面有0），加倍，加上邻数2，再加进位的1，等于19，得9进1：

$$\underline{0124} \times 8$$
$$\overset{.}{9}92$$

第四步，被乘数左端数字减去2，加进位的1，等于0：

$$\underline{0124} \times 8$$
$$0992$$

最终答案：992

强化练习

① $73 \times 8 =$　　　　② $49 \times 8 =$

③ $69 \times 8 =$　　　　④ $98 \times 8 =$

⑤ $7777 \times 8 =$　　　⑥ $8586 \times 8 =$

⑦ $6288 \times 8 =$　　　⑧ $3669 \times 8 =$

⑨ $5814 \times 8 =$　　　⑩ $27315 \times 8 =$

答案：
① 584　② 392　③ 552　④ 784　⑤ 62216　⑥ 68688
⑦ 50304　⑧ 29352　⑨ 46512　⑩ 218520

第七节
乘数是 9

基本规则

①用 10 减去被乘数的个位数，这样得到了答案的个位数。

②用 9 依次减去每一位数字（直到最后一位数字）再加上对应的邻数。

③最后，用被乘数的左端数字减去 1，结果为答案的左端数字。

例题解析

例 1：$8766 \times 9 = ?$

第一步，用 10 减去个位数 6，这样我们就得到了数字 4。

第二步，用 9 减去 6（我们得到 3）再加上邻数 6，结果是 9。

第三步，9 减 7 等于 2，加上邻数（6）使结果变成 8。

第四步，9 减 8 等于 1，加上邻数，结果变成 8。

第五步，用 8766 的左端数字减去 1，等于 7，作为答案的左端数字。

最终答案：78894

例 2：$1717 \times 9 = ?$

第一步，用 10 减去个位数 7，这样我们就得到了数字 3。

第二步，用 9 减去 1 再加上邻数 7，结果是 15，进 1 得 5。

第三步，用 9 减去 7 再加上邻数 1，再加进位的 1，结果是 4。

第四步，用 9 减去 1 再加上邻数 7，结果是 15，进 1 得 5。

第五步，用 1717 的左端数字减去 1，加进位的 1 得 1，作为答案的左端数字。

最终答案：15453

例3：28543 × 9 = ?

第一步，用 10 减去个位数 3，这样我们就得到了数字 7。

第二步，用 9 减去 4 再加上邻数 3，结果是 8。

第三步，用 9 减去 5 再加上邻数 4，结果是 8。

第四步，用 9 减去 8 再加上邻数 5，结果是 6。

第五步，用 9 减去 2 再加上邻数 8，结果是 15，得 5 进 1。

第六步，用 28543 的左端数字 2 减去 1，加进位的 1 得 2，作为答案的左端数字。

最终答案：256887

强化练习

① 8888 × 9 =   ② 7894 × 9 =

③ 3695 × 9 =   ④ 4561 × 9 =

⑤ 951 × 9 =   ⑥ 762 × 9 =

⑦ 86257 × 9 =   ⑧ 3852 × 9 =

⑨ 49273 × 9 =   ⑩ 214927 × 9 =

答案：

① 79992   ② 71046   ③ 33255   ④ 41049   ⑤ 8559

⑥ 6858   ⑦ 776313   ⑧ 34668   ⑨ 443457   ⑩ 1934343

第八节
乘数是 11

基本规则

①把和 11 相乘的数的首位和末位数字拆开，中间留出若干空位。
②把这个数各个数位上的数字依次相加。
③把第二步求出的和依次填写在上一步留出的空位上。

例题解析

例 1： $26 \times 11 = ?$

第一步，把 26 拆开，2 和 6 之间空出一个数位：

2 ☐ 6

第二步，$2 + 6 = 8$，把 8 填在 2 和 6 之间的空位上：

2 8 6

最终答案：286

例 2： $61 \times 11 = ?$

第一步，把 61 拆开，6 和 1 之间空出一个数位：

6 ☐ 1

第二步，$6 + 1 = 7$，把 7 填在 6 和 1 之间的空位上：

6 7 1

最终答案：671

例3：94 × 11 = ？

第一步，把94拆开，9和4之间空出一个数位：

9 ☐ 4

第二步，9 + 4 = 13，把13填在9和1之间的空位上。因为13 > 10，所以向百位进1！

9 |13| 4→10 |3| 4

最终答案：1034

例4：123 × 11 = ？

第一步，把123第一位上的数字1和最后一位上的数字3分开写下来，中间留两个空位：

1 ☐ ☐ 3

第二步，把123各个数位上的数字依次相加：

1 + 2 = 3

2 + 3 = 5

第三步，把3和5依次填在第一步留出的两个空位上：

1 |3| |5| 3

最终答案：1353

例5：4687 × 11 = ？

第一步，把4687第一位上的数字4和最后一位上的数字7分开写下来，中间留三个空位：

4 ☐ ☐ ☐ 7

第二步，把4687各个数位上的数字依次相加：

4 + 6 = 10

6 + 8 = 14

8 + 7 = 15

第三步，把10、14、15依次填入第一步留出的3个空位，哪个数位满10就向前一位进1：

4 10 14 15 7 ⟶ 5 1 5 5 7

最终答案：51557

例6：25391 × 11 = ?

第一步，把25391第一位上的数字2和最后一位上的数字1分开写下来，中间留四个空位：

2 ☐ ☐ ☐ ☐ 1

第二步，把25391各个数位上的数字依次相加：

$2 + 5 = 7$

$5 + 3 = 8$

$3 + 9 = 12$

$9 + 1 = 10$

第三步，在第一步留出的四个空位上依次填入第二步的结果。哪个数位满10就向前一位进1：

2 7 8 12 10 1 ⟶ 2 7 9 3 0 1

最终答案：279301

强化练习

① 13 × 11 =   ② 32 × 11 =

③ 45 × 11 =   ④ 57 × 11 =

⑤ 79 × 11 =   ⑥ 88 × 11 =

⑦ 324 × 11 =   ⑧ 728 × 11 =

⑨ 5005 × 11 =   ⑩ 8922 × 11 =

答案：
① 143   ② 352   ③ 495   ④ 627   ⑤ 869   ⑥ 968   ⑦ 3564
⑧ 8008   ⑨ 55055   ⑩ 98142

第九节
乘数是 12

基本规则

依次将被乘数中的每一位数字加倍并加上它的邻数。

这和乘数为 11 的乘法基本相同，只是在每个"本数"加上它的"邻数"之前，首先要将其加倍。

例题解析

例 1：$412 \times 12 = ?$

第一步，将被乘数的个位数 2 加倍并写到下面：

$$\underline{0412} \times 12$$
$$4$$

第二步，其他各位数字加倍并加上它的邻数：

将 1 加倍，再加邻数 2，得到 4：

$$\underline{0412} \times 12$$
$$44$$

将 4 加倍，再加邻数 1，得到 9：

$$\underline{0412} \times 12$$
$$944$$

将 0 加倍还是 0，再加邻数 4，得到 4：

$$\underline{0412} \times 12$$
$$4944$$

最终答案：4944

例 2：63247 × 12 = ?

第一步，将个位数 7 加倍，得到 14，得 4 进 1：

063247 × 12
　　　．4

第二步，其他各位数字加倍并加上它的邻数：

4 加倍，加 7，再加进位的 1，等于 16，得 6 进 1：

063247 × 12
　　．64

2 加倍，加 4，加进位的 1，等于 9：

063247 × 12
　　964

其他位计算的方法同上，直到得出：

063247 × 12
758964

最终答案：758964

强化练习

① 789 × 12 =　　　　　② 741 × 12 =

③ 852 × 12 =　　　　　④ 357 × 12 =

⑤ 951 × 12 =　　　　　⑥ 846 × 12 =

⑦ 279 × 12 =　　　　　⑧ 513 × 12 =

⑨ 2158 × 12 =　　　　⑩ 27464 × 12 =

答案：
　　　　① 9468　② 8892　③ 10224　④ 4284　⑤ 11412
⑥ 10152　⑦ 3348　⑧ 6156　⑨ 25896　⑩ 329568

第十节
乘数是 15

基本规则

①将被乘数乘以 10，然后再除以 2。

②将乘以 10 的得数与除以 2 的得数相加。

（另：如果被乘数是偶数，也可以先用被乘数加其一半，再乘以 10。）

例题解析

例 1：$7 \times 15 = ?$

第一步，7 乘以 10：

$7 \times 10 = 70$

第二步，70 除以 2：

$70 \div 2 = 35$

第三步，35 加 70：

$35 + 70 = 105$

最终答案：105

例 2：$12 \times 15 = ?$

第一步，12 加上它的一半 6：

$12 + 6 = 18$

第二步，18 乘以 10：

$18 \times 10 = 180$

最终答案：180

例 3：23 × 15 = ？

第一步，23 乘以 10：

23 × 10 = 230

第二步，230 除以 2：

230 ÷ 2 = 115

第三步，115 加 230：

115 + 230 = 345

最终答案：345

例 4：66 × 15 = ？

第一步，66 加上它的一半 33：

66 + 33 = 99

第二步，99 乘以 10：

99 × 10 = 990

最终答案：990

 强化练习

① 6 × 15 =   ② 14 × 15 =

③ 18 × 15 =   ④ 26 × 15 =

⑤ 33 × 15 =   ⑥ 48 × 15 =

⑦ 77 × 15 =   ⑧ 117 × 15 =

⑨ 254 × 15 =   ⑩ 2372 × 15 =

答案：

① 90   ② 210   ③ 270   ④ 390   ⑤ 495   ⑥ 720   ⑦ 1155

⑧ 1755   ⑨ 3810   ⑩ 35580

第十一节
神奇的三角魔方

基本规则

①画好格子，填入数字。

②从高位向低位依次将两个乘数各个数位上的数字相乘，答案写在交叉格子内，每个三角空格只填一个数字，十位数字在上，个位数字在下。

③把填入三角空格的数字斜向相加，和就是最终结果。

例题解析

例1：54 × 25 = ?

第一步，画好格子，按如下格式填入乘数54和25：

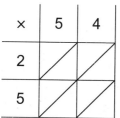

第二步，将54和25各个数位上的数字相乘，乘积写在交叉点的方格内，上边的三角空格内填十位数字，下边的三角空格内填个位数字：

注意：交叉格子中的乘积如果小于10，一定要在上面的三角空格里填上0。

×	5	4
2	1 / 0	0 / 8
5	2 / 5	2 / 0

第三步，把填入三角空格的数字斜向相加，和就是最后的结果：

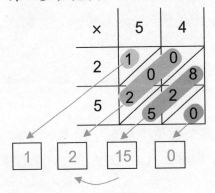

1	2	15	0

注意：十位满10，向百位进1。

最终答案：1350

例 **2**：527 × 196 = ？

第一步，画好格子，按如下格式填入乘数 527 和 196：

×	5	2	7
1	/	/	/
9	/	/	/
6	/	/	/

第二步，将527 和196 各个数位上的数字相乘，乘积写在交叉点的方格内，上边的三角空格内填十位，下边的三角空格内填个位：

×	5	2	7
1	0／5	0／2	0／7
9	4／5	1／8	6／3
6	3／0	1／2	4／2

第三步，把填入三角空格的数字斜向相加，和就是最后的结果：

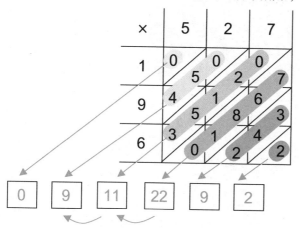

| 0 | 9 | 11 | 22 | 9 | 2 |

注意：大于 10 的数位要向前进位。

最终答案：103292

例 3：$4703 \times 86 = ?$

第一步，画好格子，按如下格式填入乘数 4703 和 86：

×	4	7	0	3
8				
6				

注意：乘法三角算无须补齐数位。

第二步，将 4703 和 86 各个数位上的数字相乘，乘积写在交叉点的方格内，上边的三角空格内填十位数字，下边的三角空格内填个位数字：

×	4	7	0	3
8	3 / 2	5 / 6	0 / 0	2 / 4
6	2 / 4	4 / 2	0 / 0	1 / 8

第三步，把填入三角空格的数字斜向相加，和就是最后的结果：

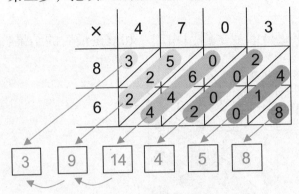

3	9	14	4	5	8

注意：大于 10 的数位要向前进位。

最终答案：404458

例 4：891×98 = ?

第一步，画好格子，按如下格式填入乘数 891 和 98：

×	8	9	1
9			
8			

第二步，将 891 和 98 各个数位上的数字相乘，乘积写在交叉点的方格内，上边的三角空格内填十位，下边的三角空格填个位：

×	8	9	1
9	7 / 2	8 / 1	0 / 9
8	6 / 4	7 / 2	0 / 8

第三步，把填入三角空格的数字斜向相加，和就是最后的结果：

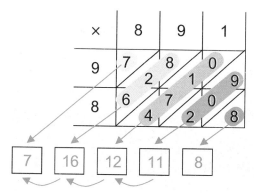

注意：大于10的数位要向前进位。

最终答案：87318

① 12 × 57 =

② 26 × 39 =

③ 44 × 67 =

④ 82 × 33 =

⑤ 142 × 206 =

⑥ 217 × 335 =

⑦ 738 × 522 =

⑧ 641 × 790 =

⑨ 341 × 22 =

⑩ 517 × 81 =

答案:

① 684　② 1014　③ 2948　④ 2706　⑤ 29252　⑥ 72695
⑦ 385236　⑧ 506390　⑨ 7502　⑩ 41877

第十二节
结网计数法

基本规则

①沿从左上到右下的方向，画若干组线段依次表示被乘数从高位到低位上的数字。

②沿从左下到右上的方向，画若干组线段依次表示乘数从高位到低位上的数字。

③从左往右数每一竖列上结点的个数，它们各自代表着乘积的一个数位，连在一起就是最终答案。

例题解析

例1：12×31＝?

第一步，画线表示被乘数12：在左上角画一条线段，表示十位数字1；右下角画两条线段，表示个位数字2：

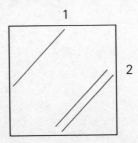

第二步，画线表示乘数31：在左下角画三条线段，表示十位数字3；右上角画一条线段，表示个位数字1：

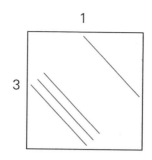

第三步，依次数线网左、中、右三竖列上的结点个数，左列结点的个数之和 3 对应最终答案的百位数，中列结点的个数之和 7 对应最终答案的十位数，右列结点的个数之和 2 对应最终答案的个位数：

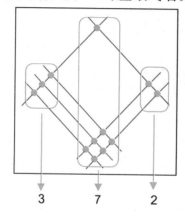

3　7　2

最终答案：372

例2： **22 × 14 = ?**

第一步，画线表示被乘数 22：在左上角画两条线段，表示十位数字 2；右下角画两条线段，表示个位数字 2：

2

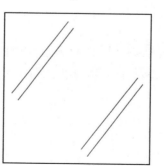

2

第二步，画线表示乘数14：在左下角画一条线段，表示十位数字1；右上角画四条线段，表示个位数字4：

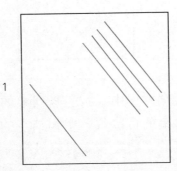

第三步，依次数出线网左、中、右三竖列上的结点个数，左列结点的个数之和2对应最终答案的百位数，中列结点的个数之和10对应最终答案的十位数，右列结点的个数之和8对应最终答案的个位数：

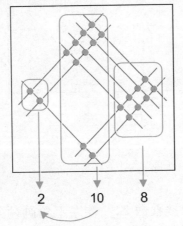

最终答案：308

例3：$112 \times 231 =$？

第一步，画线表示被乘数112：在左上角画一条线段，表示百位数字1；中间画一条线段，表示十位数字1；右下角画两条线段，表示个位数字2：

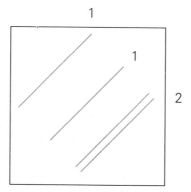

第二步，画线表示乘数231：在左下角画两条线段，表示百位数字2；中间画三条线段，表示十位数字3；右上角画一条线段，表示个位数字1：

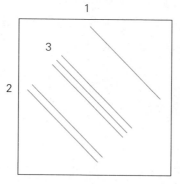

第三步，从左到右依次数出线网各竖列上的结点个数，第一列结点的个数之和2对应最终答案的万位数，第二列结点的个数之和5对应最终答案的千位数，第三列结点的个数之和8对应最终答案的百位数，第四列结点的个数之和7对应最终答案的十位数，第五列结点的个数之和2对应最终答案的个位数：

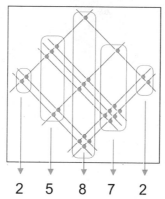

最终答案：25872

强化练习

① $11 \times 21 =$ ② $13 \times 12 =$

③ $12 \times 14 =$ ④ $23 \times 31 =$

⑤ $51 \times 21 =$ ⑥ $111 \times 122 =$

⑦ $121 \times 213 =$ ⑧ $214 \times 321 =$

⑨ $221 \times 312 =$ ⑩ $412 \times 241 =$

答案：

① 231   ② 156   ③ 168   ④ 713   ⑤ 1071   ⑥ 13542

⑦ 25773   ⑧ 68694   ⑨ 68952   ⑩ 99292

第四章

除法运算

数字构成唯一通用的语言。

——威斯特

第一节
除数是 4

基本规则

我们都知道 4 = 2 × 2，而关于 2 的除法是比较简单的，所以，除数是 4 的除法可以分两步来计算：首先将被除数除以 2，然后将它们的商除以 2。

例题解析

例 1：$56 \div 4 = ?$

第一步，56 除以 2：

$56 \div 2 = 28$

第二步，28 除以 2：

$28 \div 2 = 14$

最终答案：14

例 2：$316 \div 4 = ?$

第一步，316 除以 2：

$316 \div 2 = 158$

第二步，158 除以 2：

$158 \div 2 = 79$

最终答案：79

例3：$3184 \div 4 = ?$

第一步，3184 除以2：

$3184 \div 2 = 1592$

第二步，1592 除以2：

$1592 \div 2 = 796$

最终答案：796

例4：$4268 \div 4 = ?$

第一步，4268 除以2：

$4268 \div 2 = 2134$

第二步，2134 除以2：

$2134 \div 2 = 1067$

最终答案：1067

强化练习

① $68 \div 4 =$ ② $52 \div 4 =$

③ $96 \div 4 =$ ④ $108 \div 4 =$

⑤ $128 \div 4 =$ ⑥ $180 \div 4 =$

⑦ $308 \div 4 =$ ⑧ $324 \div 4 =$

⑨ $2688 \div 4 =$ ⑩ $59968 \div 4 =$

答案：

① 17   ② 13   ③ 24   ④ 27   ⑤ 32   ⑥ 45   ⑦ 77   ⑧ 81

⑨ 672   ⑩ 14992

第二节
除数是 5

基本规则

①被除数乘以 2。

②将第一步的得数除以 10，即可得出答案。

例题解析

例 1：$325 \div 5 = ?$

第一步，被除数乘以 2：

$325 \times 2 = 650$

第二步，将第一步的得数除以 10：

$650 \div 10 = 65$

最终答案：65

例 2：$275 \div 5 = ?$

第一步，被除数乘以 2：

$275 \times 2 = 550$

第二步，将第一步的得数除以 10：

$550 \div 10 = 55$

最终答案：55

例 3：$1210 \div 5 = ?$

第一步，被除数乘以 2：

$1210 \times 2 = 2420$

第二步，将第一步的得数除以 10：

$2420 \div 10 = 242$

最终答案：242

例 4：$2125 \div 5 = ?$

第一步，被除数乘以 2：

$2125 \times 2 = 4250$

第二步，将第一步的得数除以 10：

$4250 \div 10 = 425$

最终答案：425

例 5：$12705 \div 5 = ?$

第一步，被除数乘以 2：

$21705 \times 2 = 25410$

第二步，将第一步的得数除以 10：

$25410 \div 10 = 2541$

最终答案：2541

强化练习

① $675 \div 5 =$　　　　　② $1625 \div 5 =$

③ $315 \div 5 =$　　　　　④ $75 \div 5 =$

⑤ $400 \div 5 =$　　　　　⑥ $125 \div 5 =$

⑦ $160 \div 5 =$　　　　　⑧ $900 \div 5 =$

⑨ $725 \div 5 =$　　　　　⑩ $1065 \div 5 =$

答案：

　　　① 135　② 325　③ 63　④ 15　⑤ 80　⑥ 25　⑦ 32

⑧ 180　⑨ 145　⑩ 213

第三节
除数是 25

基本规则

①被除数乘以 4（或 ×2×2）。

②将第一步的得数除以 100，即可得出答案。

例题解析

例 1：$525 \div 25 = ?$

第一步，被除数乘以 4：

$525 \times 4 = 2100$

第二步，将第一步的得数除以 100：

$2100 \div 100 = 21$

最终答案：21

例 2：$1050 \div 25 = ?$

第一步，被除数乘以 4：

$1050 \times 4 = 4200$

第二步，将第一步的得数除以 100：

$4200 \div 100 = 42$

最终答案：42

例 3：$825 \div 25 = ?$

第一步，被除数乘以 4：

$825 \times 4 = 3300$

第二步，将第一步的得数除以100：

$3300 \div 100 = 33$

最终答案：33

例4： $2025 \div 25 = ?$

第一步，被除数乘以4：

$2025 \times 4 = 8100$

第二步，将第一步的得数除以100：

$8100 \div 100 = 81$

最终答案：81

例5： $7800 \div 25 = ?$

第一步，被除数乘以4：

$7800 \times 4 = 31200$

第二步，将第一步的得数除以100：

$31200 \div 100 = 312$

最终答案：312

强化练习

① $425 \div 25 =$ 　　　② $3175 \div 25 =$

③ $3275 \div 25 =$ 　　　④ $525 \div 25 =$

⑤ $2775 \div 25 =$ 　　　⑥ $31275 \div 25 =$

⑦ $1825 \div 25 =$ 　　　⑧ $12625 \div 25 =$

⑨ $1600 \div 25 =$ 　　　⑩ $5350 \div 25 =$

答案：

① 17　② 127　③ 131　④ 21　⑤ 111　⑥ 1251　⑦ 73

⑧ 505　⑨ 64　⑩ 214

第四节
除数是 125

基本规则

①被除数乘以 8 （或 ×2 ×2 ×2）。

②将第一步的得数除以 1000，即可得出答案。

例题解析

例 1：$1000 \div 125 = ?$

第一步，被除数乘以 8：

$1000 \times 8 = 8000$

第二步，将第一步的得数除以 1000：

$8000 \div 1000 = 8$

最终答案：8

例 2：$875 \div 125 = ?$

第一步，被除数乘以 8：

$875 \times 8 = 7000$

第二步，将第一步的得数除以 1000：

$7000 \div 1000 = 7$

最终答案：7

例 3：$1375 \div 125 = ?$

第一步，被除数乘以 8：

$1375 \times 8 = 11000$

第二步，将第一步的得数除以1000：

$11000 \div 1000 = 11$

最终答案：11

例4：$3125 \div 125 = ?$

第一步，被除数乘以8：

$3125 \times 8 = 25000$

第二步，将第一步的得数除以1000：

$25000 \div 1000 = 25$

最终答案：25

例5：$2000 \div 125 = ?$

第一步，被除数乘以8：

$2000 \times 8 = 16000$

第二步，将第一步的得数除以1000：

$16000 \div 1000 = 16$

最终答案：16

强化练习

① $750 \div 125 =$ ② $2625 \div 125 =$

③ $1500 \div 125 =$ ④ $375 \div 125 =$

⑤ $2250 \div 125 =$ ⑥ $2125 \div 125 =$

⑦ $1125 \div 125 =$ ⑧ $2750 \div 125 =$

⑨ $1875 \div 125 =$ ⑩ $1750 \div 125 =$

答案：

① 6   ② 21   ③ 12   ④ 3   ⑤ 18   ⑥ 17   ⑦ 9   ⑧ 22

⑨ 15   ⑩ 14

第五节
除数以 0.5 结尾

基本规则

按照一般解法计算除数是一个以 0.5 结尾的数的除法比较困难。所以我们想办法将除数乘以 2，使它成为一个整数，同时被除数也得乘以 2，这样就简单多了（最需要注意的地方是除数乘以一个数的同时，被除数也要乘以这个数）。

例题解析

例 1：$28 \div 3.5 = ?$

第一步，将 3.5 乘以 2：

$3.5 \times 2 = 7$

第二步，将 28 乘以 2：

$28 \times 2 = 56$

第三步，用 56 除以 7：

$56 \div 7 = 8$

最终答案：8

例 2：$33 \div 5.5 = ?$

第一步，将 5.5 乘以 2：

$5.5 \times 2 = 11$

第二步，将 33 乘以 2：

$33 \times 2 = 66$

第三步，用 66 除以 11：

$66 \div 11 = 6$

最终答案：6

例3： $600 \div 7.5 = ?$

第一步，将 7.5 乘以 2：

$7.5 \times 2 = 15$

第二步，将 600 乘以 2：

$600 \times 2 = 1200$

第三步，用 1200 除以 15：

$1200 \div 15 = 80$

最终答案：80

例4： $1200 \div 2.5 = ?$

第一步，将 2.5 乘以 2：

$2.5 \times 2 = 5$

第二步，将 1200 乘以 2：

$1200 \times 2 = 2400$

第三步，用 2400 除以 5：

$2400 \div 5 = 480$

最终答案：480

强化练习

① $18 \div 1.5 =$　　② $26 \div 6.5 =$

③ $27 \div 4.5 =$　　④ $20 \div 2.5 =$

⑤ $195 \div 7.5 =$　　⑥ $414 \div 11.5 =$

⑦ $104 \div 6.5 =$　　⑧ $2480 \div 77.5 =$

⑨ $2565 \div 13.5 =$　　⑩ $686 \div 24.5 =$

答案： ① 12　② 4　③ 6　④ 8　⑤ 26　⑥ 36　⑦ 16　⑧ 32
⑨ 190　⑩ 28

第六节
被除数、除数都是偶数

基本规则

①被除数和除数同时除以 2，如果被除数和除数依然是偶数，则继续除以 2，直到其中的一个（或两个）变成奇数为止。

②将简化后的被除数与除数相除。

例题解析

例 1：126÷14 = ?

第一步，被除数 126 除以 2：

126÷2 = 63

第二步，除数 14 除以 2：

14÷2 = 7

第三步，简化后的被除数除以除数：

63÷7 = 9

最终答案：9

例 2：84÷8 = ?

第一步，被除数 84 除以 2：

84÷2 = 42

第二步，除数 8 除以 2：

8÷2 = 4

第三步，被除数和除数继续除以 2 简化：

42÷2 = 21，4÷2 = 2

第四步，简化后的被除数除以除数：

$21 \div 2 = 10.5$

最终答案：10.5

例3：$4860 \div 36 = ?$

第一步，被除数4860除以2：

$4860 \div 2 = 2430$

第二步，除数36除以2：

$36 \div 2 = 18$

第三步，被除数和除数继续除以2简化：

$2430 \div 2 = 1215$，$18 \div 2 = 9$

第四步，简化后的被除数除以除数：

$1215 \div 9 = 135$

最终答案：135

强化练习

① $78 \div 6 =$　　　　　　② $144 \div 12 =$

③ $268 \div 4 =$　　　　　　④ $124 \div 8 =$

⑤ $84 \div 6 =$　　　　　　⑥ $200 \div 16 =$

⑦ $496 \div 16 =$　　　　　⑧ $624 \div 26 =$

⑨ $468 \div 26 =$　　　　　⑩ $1150 \div 50 =$

答案：

① 13　② 12　③ 67　④ 15.5　⑤ 14　⑥ 12.5　⑦ 31

⑧ 24　⑨ 18　⑩ 23

第七节
被除数大于 100

基本规则

①将被除数分成两部分，其中一部分是100。
②将这两部分分别与除数相除。
③将得到的两个商相加。

例题解析

例1：$115 \div 5 =$？

第一步，将115分成100和15两部分：

$115 = 100 + 15$

第二步，100除以5，15除以5：

$100 \div 5 = 20$，$15 \div 5 = 3$

第三步，20加3：

$20 + 3 = 23$

最终答案：23

例2：$112 \div 4 =$？

第一步，将112分成100和12两部分：

$112 = 100 + 12$

第二步，100除以4，12除以4：

$100 \div 4 = 25$，$12 \div 4 = 3$

第三步，25加3：

$25 + 3 = 28$

最终答案：28

例 3：$144 \div 4 = ?$

第一步，将 144 分成 100 和 44 两部分：

$144 = 100 + 44$

第二步，100 除以 4，44 除以 4：

$100 \div 4 = 25$，$44 \div 4 = 11$

第三步，25 加 11：

$25 + 11 = 36$

最终答案：36

例 4：$175 \div 25 = ?$

第一步，将 175 分成 100 和 75 两部分：

$175 = 100 + 75$

第二步，100 除以 25，75 除以 25：

$100 \div 25 = 4$，$75 \div 25 = 3$

第三步，4 加 3：

$4 + 3 = 7$

最终答案：7

强化练习

① $112 \div 2 =$ 　　　　② $125 \div 5 =$

③ $116 \div 4 =$ 　　　　④ $118 \div 2 =$

⑤ $135 \div 5 =$ 　　　　⑥ $132 \div 4 =$

⑦ $150 \div 25 =$ 　　　　⑧ $180 \div 15 =$

⑨ $198 \div 2 =$ 　　　　⑩ $180 \div 4 =$

答案：　　① 56　② 25　③ 29　④ 59　⑤ 27　⑥ 33　⑦ 6　⑧ 12

⑨ 99　⑩ 45

第八节
被除数小于100

基本规则

①把被除数写成 100 减一个数的形式。

②将 100 和这个数分别除以除数。

③得到的两个商相减。

例题解析

例1： $96 \div 4 = ?$

第一步，把 96 写成 100 减一个数：

$96 = 100 - 4$

第二步，100 除以 4，4 除以 4：

$100 \div 4 = 25,\ 4 \div 4 = 1$

第三步，25 减 1：

$25 - 1 = 24$

最终答案：24

例2： $90 \div 5 = ?$

第一步，把 90 写成 100 减一个数：

$90 = 100 - 10$

第二步，100 除以 5，10 除以 5：

$100 \div 5 = 20,\ 10 \div 5 = 2$

第三步，20 减 2：

$20 - 2 = 18$

最终答案：18

例 3：$76 \div 2 = ?$

第一步，把 76 写成 100 减一个数：

$76 = 100 - 24$

第二步，100 除以 2，24 除以 2：

$100 \div 2 = 50$，$24 \div 2 = 12$

第三步，50 减 12：

$50 - 12 = 38$

最终答案：38

例 4：$75 \div 5 = ?$

第一步，把 75 写成 100 减一个数：

$75 = 100 - 25$

第二步，100 除以 5，25 除以 5：

$100 \div 5 = 20$，$25 \div 5 = 5$

第三步，20 减 5：

$20 - 5 = 15$

最终答案：15

强化练习

① $96 \div 2 =$ ② $95 \div 5 =$

③ $92 \div 4 =$ ④ $98 \div 2 =$

⑤ $85 \div 5 =$ ⑥ $94 \div 2 =$

⑦ $70 \div 5 =$ ⑧ $88 \div 4 =$

⑨ $78 \div 2 =$ ⑩ $84 \div 4 =$

答案：

① 48   ② 19   ③ 23   ④ 49   ⑤ 17   ⑥ 47   ⑦ 14   ⑧ 22

⑨ 39   ⑩ 21

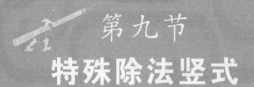

第九节
特殊除法竖式

基本规则

除数是两位、非整十数的除法：

①将除数分解成整十数和补数。

②计算被除数除以整十数。

③将第二步求得的商乘以补数再加上上一步的余数作为下一步的被除数，这一过程不断交替，直至得出足够小的被除数。

④新被除数除以原除数。

⑤将商一栏相同数位上的得数相加，不同数位的得数顺次排列。

例题解析

例 1：$54 \div 13 = ?$

第一步，将除数 13 分解成整十数 20 和补数 7：

第二步，被除数 54 除以整十数 20，个位商 2，余 14：

第三步，将第二步求得的商 2 乘以补数 7 再加上上一步的余数 14，等于 28，作为下一步的被除数：

第四步，新被除数 28 除以原除数 13，个位商 2，余 2：

第五步，将商一栏相同数位上的数

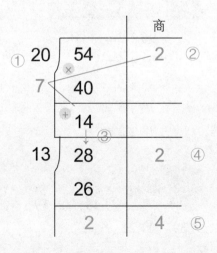

字相加：2 + 2 = 4。

　　最终答案：4……2

例2：413 ÷ 16 = ?

　　第一步，将除数 16 分解成整十数 20 和补数 4：

　　第二步～第三步，被除数 413 除以整十数 20，十位商 2，余 1。

　　上步的商 2 乘以补数 4 再加上余数 1，等于 9；从 413 的个位下 3，以 93 作为下一步的被除数。

　　被除数 93 除以整十数 20，个位商 4，余 13。

　　上步的商 4 乘以补数 4 再加上余数 13，等于 29，以 29 作为下一步的被除数：

　　第四步，新被除数 29 除以原除数 16，个位商 1，余 13：

　　第五步，商一栏中的十位数字是 2，个位数字是 5（4 + 1 = 5）。

　　最终答案：25……13

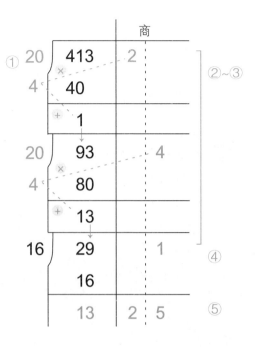

例3：1234 ÷ 18 = ?

　　第一步，将除数 18 分解成整十数 20 和补数 2：

　　第二步～第三步，被除数 1234 除以整十数 20，十位商 6，余 3。

　　上步的商 6 乘以补数 2 再加上余数 3，等于 15，从 1234 个位下

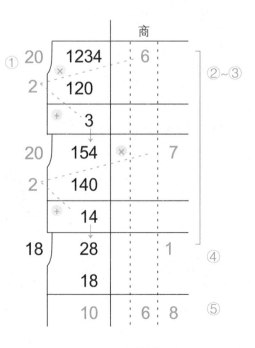

4，154 作为下一步的被除数。

　　被除数 154 除以整十数 20，个位商 7，余 14。

　　上步的商 7 乘以补数 2 再加上余数 14，等于 28，28 作为下一步的被除数：

　　第四步，新被除数 28 除以原除数 18，个位商 1，余 10：

　　第五步，商一栏的十位上的数字是 6，个位上的数字是 7 + 1 = 8。

　　最终答案：68……10

强化练习

　　① 65 ÷ 28 =　　　　　　② 82 ÷ 37 =

　　③ 635 ÷ 14 =　　　　　　④ 6982 ÷ 33 =

　　⑤ 786 ÷ 29 =　　　　　　⑥ 141 ÷ 27 =

　　⑦ 279 ÷ 37 =　　　　　　⑧ 391 ÷ 22 =

　　⑨ 1296 ÷ 241 =　　　　　⑩ 3697 ÷ 26 =

　　注意：商的某一位满 10 后，记得向前进位！

答案：

　　　　　① 2……9　② 2……8　③ 45……5　④ 211……19

⑤ 27……3　⑥ 5……6　⑦ 7……20　⑧ 17……17　⑨ 5……91

⑩ 142……5

第五章

分数运算

数学这门科学提供了一个最光辉的范例：纯粹理性不借助经验而成功地拓展了它的疆域。

——康德

第一节
分子是1,分母
没有公约数的分数相加

 基本规则

　　这个问题很简单,只要我们知道分子是1,分母没有公约数的两个分数相加,和的分母等于原来两个分母的积,和的分子等于原来两个分母的和。

 例题解析

例1: $\dfrac{1}{2}+\dfrac{1}{3}=$?

　　第一步,分母之和:

　　$2+3=5$

　　第二步,分母之积:

　　$2\times3=6$

　　最终答案:$\dfrac{5}{6}$

例2: $\dfrac{1}{5}+\dfrac{1}{6}=$?

　　第一步,分母之和:

　　$5+6=11$

　　第二步,分母之积:

　　$5\times6=30$

　　最终答案:$\dfrac{11}{30}$

例 3 ： $\frac{1}{9} + \frac{1}{4} = ?$

第一步，分母之和：

$9 + 4 = 13$

第二步，分母之积：

$9 \times 4 = 36$

最终答案： $\frac{13}{36}$

例 4 ： $\frac{1}{15} + \frac{1}{2} = ?$

第一步，分母之和：

$15 + 2 = 17$

第二步，分母之积：

$15 \times 2 = 30$

最终答案： $\frac{17}{30}$

强化练习

① $\frac{1}{7} + \frac{1}{4} =$ ② $\frac{1}{5} + \frac{1}{6} =$

③ $\frac{1}{8} + \frac{1}{3} =$ ④ $\frac{1}{15} + \frac{1}{8} =$

⑤ $\frac{1}{10} + \frac{1}{11} =$ ⑥ $\frac{1}{7} + \frac{1}{3} =$

⑦ $\frac{1}{18} + \frac{1}{13} =$ ⑧ $\frac{1}{20} + \frac{1}{13} =$

⑨ $\frac{1}{9} + \frac{1}{7} =$ ⑩ $\frac{1}{8} + \frac{1}{5} =$

答案：   ① $\frac{11}{28}$ ② $\frac{11}{30}$ ③ $\frac{11}{24}$ ④ $\frac{23}{120}$ ⑤ $\frac{21}{110}$ ⑥ $\frac{10}{21}$ ⑦ $\frac{31}{234}$

⑧ $\frac{33}{260}$ ⑨ $\frac{16}{63}$ ⑩ $\frac{13}{40}$

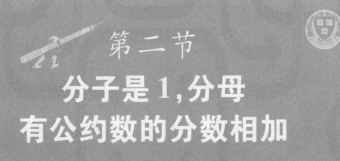

第二节
分子是 1,分母
有公约数的分数相加

分子是 1,分母有公约数的两个分数相加,先分别计算出两个分母的和与积,再将和与积各自除以它们的最大公约数,作为得数的分子、分母。

例题解析

例 1: $\dfrac{1}{2} + \dfrac{1}{4} = ?$

第一步,分母之和:

$2 + 4 = 6$

第二步,分母之积:

$2 \times 4 = 8$

第三步,各自除以它们的最大公约数 2,分别是 3、4。

最终答案: $\dfrac{3}{4}$

例 2: $\dfrac{1}{6} + \dfrac{1}{8} = ?$

第一步,分母之和:

$6 + 8 = 14$

第二步,分母之积:

$6 \times 8 = 48$

第三步，各自除以它们的最大公约数 2，分别是 7、24。

最终答案：$\dfrac{7}{24}$

例 3：$\dfrac{1}{15} + \dfrac{1}{10} = ?$

第一步，分母之和：

$15 + 10 = 25$

第二步，分母之积：

$15 \times 10 = 150$

第三步，各自除以它们的最大公约数 25，分别是 1，6。

最终答案：$\dfrac{1}{6}$

强化练习

① $\dfrac{1}{6} + \dfrac{1}{3} =$　　　　② $\dfrac{1}{8} + \dfrac{1}{4} =$

③ $\dfrac{1}{24} + \dfrac{1}{6} =$　　　　④ $\dfrac{1}{8} + \dfrac{1}{16} =$

⑤ $\dfrac{1}{15} + \dfrac{1}{5} =$　　　　⑥ $\dfrac{1}{24} + \dfrac{1}{12} =$

⑦ $\dfrac{1}{7} + \dfrac{1}{21} =$　　　　⑧ $\dfrac{1}{18} + \dfrac{1}{9} =$

⑨ $\dfrac{3}{14} + \dfrac{1}{7} =$　　　　⑩ $\dfrac{1}{6} + \dfrac{1}{12} =$

答案：　① $\dfrac{1}{2}$　② $\dfrac{3}{8}$　③ $\dfrac{5}{24}$　④ $\dfrac{3}{16}$　⑤ $\dfrac{4}{15}$　⑥ $\dfrac{1}{8}$　⑦ $\dfrac{4}{21}$　⑧ $\dfrac{1}{6}$

⑨ $\dfrac{5}{14}$　⑩ $\dfrac{1}{4}$

第三节
分子不是 1 的分数相加

基本规则

分子不是 1 的两个分数相加，需将其中的一个分数拆分成分子是 1 的两个分数，再进行计算就快速得多。

例题解析

例 1： $\dfrac{2}{3} + \dfrac{1}{4} = ?$

第一步，将 $\dfrac{2}{3}$ 拆成两部分：

$$\dfrac{2}{3} = \dfrac{1}{3} + \dfrac{1}{3}$$

第二步，

$$\dfrac{2}{3} + \dfrac{1}{4} = \dfrac{1}{3} + \dfrac{1}{3} + \dfrac{1}{4} = \dfrac{11}{12}$$

最终答案： $\dfrac{11}{12}$

例 2： $\dfrac{3}{4} + \dfrac{1}{2} = ?$

第一步，将 $\dfrac{3}{4}$ 拆成两部分：

$$\dfrac{3}{4} = \dfrac{1}{2} + \dfrac{1}{4}$$

第二步，

$$\frac{3}{4} + \frac{1}{2} = \frac{1}{2} + \frac{1}{4} + \frac{1}{2} = 1\frac{1}{4}$$

最终答案：$1\frac{1}{4}$

例3：$\frac{2}{5} + \frac{1}{6} = ?$

第一步，将 $\frac{2}{5}$ 拆成两部分：

$$\frac{2}{5} = \frac{1}{5} + \frac{1}{5}$$

第二步，

$$\frac{2}{5} + \frac{1}{6} = \frac{1}{5} + \frac{1}{5} + \frac{1}{6} = \frac{17}{30}$$

最终答案：$\frac{17}{30}$

强化练习

① $\frac{3}{4} + \frac{1}{8} =$

② $\frac{1}{8} + \frac{2}{3}$

③ $\frac{2}{7} + \frac{1}{3} =$

④ $\frac{1}{8} + \frac{3}{7} =$

⑤ $\frac{1}{15} + \frac{4}{9} =$

⑥ $\frac{5}{9} + \frac{2}{13} =$

⑦ $\frac{1}{2} + \frac{11}{16} =$

⑧ $\frac{3}{10} + \frac{5}{12} =$

⑨ $\frac{2}{5} + \frac{3}{7} =$

⑩ $\frac{3}{8} + \frac{4}{9} =$

答案：
① $\frac{7}{8}$ ② $\frac{19}{24}$ ③ $\frac{13}{21}$ ④ $\frac{31}{56}$ ⑤ $\frac{23}{45}$ ⑥ $\frac{83}{117}$ ⑦ $1\frac{3}{16}$ ⑧ $\frac{43}{60}$

⑨ $\frac{29}{35}$ ⑩ $\frac{59}{72}$

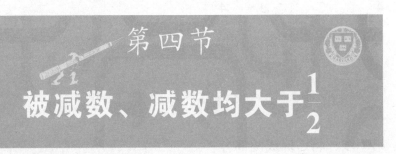

第四节

被减数、减数均大于 $\frac{1}{2}$

基本规则

被减数与减数都大于 $\frac{1}{2}$ 的两个数相减，可以把 $\frac{1}{2}$ 分出来，先减去（这种方法实际上是将被减数和减数都减去相同的数然后相减，差不变）。

例题解析

例1： $\frac{7}{9} - \frac{3}{4} = ?$

第一步，把 $\frac{1}{2}$ 分出来：

$$\frac{7}{9} = \frac{1}{2} + \frac{5}{18}, \ \frac{3}{4} = \frac{1}{2} + \frac{1}{4}$$

第二步，消去 $\frac{1}{2}$：

$$\frac{7}{9} - \frac{3}{4} = \frac{5}{18} - \frac{1}{4} = \frac{1}{36}$$

最终答案： $\frac{1}{36}$

例2： $\frac{7}{8} - \frac{2}{3} = ?$

第一步，把 $\frac{1}{2}$ 分出来：

$$\frac{7}{8} = \frac{1}{2} + \frac{3}{8}, \quad \frac{2}{3} = \frac{1}{2} + \frac{1}{6}$$

第二步，消去 $\frac{1}{2}$：

$$\frac{7}{8} - \frac{2}{3} = \frac{3}{8} - \frac{1}{6} = \frac{5}{24}$$

最终答案：$\frac{5}{24}$

强化练习

① $\dfrac{13}{16} - \dfrac{3}{4} =$

② $\dfrac{15}{16} - \dfrac{3}{4} =$

③ $\dfrac{3}{4} - \dfrac{9}{16} =$

④ $\dfrac{3}{4} - \dfrac{11}{24} =$

⑤ $\dfrac{19}{24} - \dfrac{5}{8} =$

⑥ $\dfrac{23}{24} - \dfrac{7}{8} =$

⑦ $\dfrac{7}{10} - \dfrac{3}{5} =$

⑧ $\dfrac{9}{10} - \dfrac{3}{5} =$

⑨ $\dfrac{2}{3} - \dfrac{9}{16} =$

⑩ $\dfrac{4}{7} - \dfrac{7}{13} =$

答案：

① $\dfrac{1}{16}$　② $\dfrac{3}{16}$　③ $\dfrac{3}{16}$　④ $\dfrac{7}{24}$　⑤ $\dfrac{1}{6}$　⑥ $\dfrac{1}{12}$　⑦ $\dfrac{1}{10}$　⑧ $\dfrac{3}{10}$

⑨ $\dfrac{5}{48}$　⑩ $\dfrac{3}{91}$

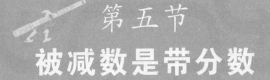

第五节
被减数是带分数

基本规则

被减数是带分数的分数减法运算，可将带分数看成整数与分数两部分。

例题解析

例1：$1\frac{1}{5} - \frac{3}{4} = ?$

第一步，将被减数分成两部分：

$$1\frac{1}{5} = 1 + \frac{1}{5}$$

第二步，与减数相减：

$$1 + \frac{1}{5} - \frac{3}{4} = \frac{1}{5} + \left(1 - \frac{3}{4}\right) = \frac{9}{20}$$

最终答案：$\frac{9}{20}$

例2：$2\frac{1}{5} - \frac{7}{8} = ?$

第一步，将被减数分成两部分：

$$2\frac{1}{5} = 2 + \frac{1}{5}$$

第二步，与减数相减：

$$2 + \frac{1}{5} - \frac{7}{8} = \frac{1}{5} + \left(2 - \frac{7}{8}\right) = 1\frac{13}{40}$$

最终答案：$1\frac{13}{40}$

例3：$1\frac{3}{9} - \frac{1}{4} = ?$

第一步，将被减数分成两部分：

$$1\frac{3}{9} = 1 + \frac{3}{9}$$

第二步，与减数相减：

$$1 + \frac{3}{9} - \frac{1}{4} = \frac{3}{9} + \left(1 - \frac{1}{4}\right) = 1\frac{1}{12}$$

最终答案：$1\frac{1}{12}$

强化练习

① $1\frac{1}{4} - \frac{5}{6} =$　　　　② $1\frac{7}{12} - \frac{1}{6} =$

③ $2\frac{3}{4} - \frac{1}{6} =$　　　　④ $1\frac{23}{24} - \frac{1}{8} =$

⑤ $1\frac{5}{24} - \frac{3}{8} =$　　　　⑥ $1\frac{11}{24} - \frac{5}{8} =$

⑦ $1\frac{9}{40} - \frac{5}{8} =$　　　　⑧ $1\frac{17}{40} - \frac{5}{8} =$

⑨ $2\frac{1}{6} - \frac{2}{5} =$　　　　⑩ $1\frac{4}{15} - \frac{6}{7} =$

答案： ① $\frac{5}{12}$ ② $1\frac{5}{12}$ ③ $2\frac{7}{12}$ ④ $1\frac{5}{6}$ ⑤ $\frac{5}{6}$ ⑥ $\frac{5}{6}$ ⑦ $\frac{3}{5}$

⑧ $\frac{4}{5}$ ⑨ $1\frac{23}{30}$ ⑩ $\frac{43}{105}$

第六节
整数部分相同的带分数相乘

基本规则

①将一个整数与两个分数之和相加，然后将它们的和乘以另一个整数。

②将两个分数部分相乘。

③以上两步的得数相加即是结果。

例题解析

例1：$9\dfrac{1}{4} \times 9\dfrac{3}{4} = ?$

第一步，整数与两分数之和乘以整数：

$$(9 + \dfrac{1}{4} + \dfrac{3}{4}) \times 9 = 90$$

第二步，两个分数之积：

$$\dfrac{1}{4} \times \dfrac{3}{4} = \dfrac{3}{16}$$

第三步，求和：

$$90 + \dfrac{3}{16} = 90\dfrac{3}{16}$$

最终答案：$90\dfrac{3}{16}$

例2：$8\dfrac{3}{4}\times8\dfrac{5}{6}=?$

第一步，整数与两分数之和乘以整数：

$(8+\dfrac{3}{4}+\dfrac{5}{6})\times8=76\dfrac{2}{3}$

第二步，两个分数之积：

$\dfrac{3}{4}\times\dfrac{5}{6}=\dfrac{5}{8}$

第三步，求和：

$76\dfrac{2}{3}+\dfrac{5}{8}=77\dfrac{7}{24}$

最终答案：$77\dfrac{7}{24}$

强化练习

① $2\dfrac{1}{2}\times2\dfrac{1}{2}=$　　　　② $4\dfrac{1}{4}\times4\dfrac{3}{4}=$

③ $5\dfrac{1}{5}\times5\dfrac{4}{5}=$　　　　④ $5\dfrac{1}{2}\times5\dfrac{1}{2}=$

⑤ $5\dfrac{1}{3}\times5\dfrac{2}{3}=$　　　　⑥ $6\dfrac{3}{4}\times6\dfrac{1}{4}=$

⑦ $7\dfrac{1}{4}\times7\dfrac{3}{4}=$　　　　⑧ $7\dfrac{1}{5}\times7\dfrac{4}{5}=$

⑨ $3\dfrac{2}{3}\times4\dfrac{1}{7}=$　　　　⑩ $2\dfrac{1}{9}\times8\dfrac{1}{2}=$

答案：① $6\dfrac{1}{4}$　② $20\dfrac{3}{16}$　③ $30\dfrac{4}{25}$　④ $30\dfrac{1}{4}$　⑤ $30\dfrac{2}{9}$　⑥ $42\dfrac{3}{16}$

⑦ $56\dfrac{3}{16}$　⑧ $56\dfrac{4}{25}$　⑨ $15\dfrac{4}{21}$　⑩ $17\dfrac{17}{18}$

第七节
整数部分相邻,分数 部分和为 1 的带分数相乘

基本规则

运用两数的平方差等于两数的和乘以两数的差的公式,即 $a^2 - b^2 = (a+b)(a-b)$。

例题解析

例1: $3\dfrac{1}{2} \times 4\dfrac{1}{2} = ?$

第一步,将两数转换成 $(a+b)(a-b)$:

$3\dfrac{1}{2} = 4 - \dfrac{1}{2}$,$4\dfrac{1}{2} = 4 + \dfrac{1}{2}$

第二步,两数的差乘以两数的和:

$(4 - \dfrac{1}{2}) \times (4 + \dfrac{1}{2})$

第三步,运用平方差的公式:

$(4 - \dfrac{1}{2}) \times (4 + \dfrac{1}{2})$

$= 4^2 - (\dfrac{1}{2})^2$

$= 15\dfrac{3}{4}$

最终答案: $15\dfrac{3}{4}$

例2： $6\dfrac{3}{8} \times 7\dfrac{5}{8} = ?$

第一步，将两数转换成（a＋b）（a－b）：

$6\dfrac{3}{8} = 7 - \dfrac{5}{8}$，$7\dfrac{5}{8} = 7 + \dfrac{5}{8}$

第二步，两数的差乘以两数的和：

$(7 - \dfrac{5}{8}) \times (7 + \dfrac{5}{8})$

第三步，运用平方差的公式：

$(7 - \dfrac{5}{8}) \times (7 + \dfrac{5}{8})$

$= 7^2 - (\dfrac{5}{8})^2$

$= 48\dfrac{39}{64}$

最终答案： $48\dfrac{39}{64}$

例3： $5\dfrac{3}{7} \times 6\dfrac{4}{7} = ?$

第一步，将两数转换成（a＋b）（a－b）：

$5\dfrac{3}{7} = 6 - \dfrac{4}{7}$，$6\dfrac{4}{7} = 6 + \dfrac{4}{7}$

第二步，两数的差乘以两数的和：

$(6 - \dfrac{4}{7}) \times (6 + \dfrac{4}{7})$

第三步，运用平方差的公式：

$(6 - \dfrac{4}{7}) \times (6 + \dfrac{4}{7})$

$= 6^2 - (\dfrac{4}{7})^2$

$= 35\dfrac{33}{49}$

最终答案： $35\dfrac{33}{49}$

例4： $4\dfrac{1}{3} \times 5\dfrac{2}{3} = ?$

第一步，将两数转换成（a+b）（a-b）：

$4\dfrac{1}{3} = 5 - \dfrac{2}{3}$，$5\dfrac{2}{3} = 5 + \dfrac{2}{3}$

第二步，两数的差乘以两数的和：

$(5 - \dfrac{2}{3}) \times (5 + \dfrac{2}{3})$

第三步，运用平方差的公式：

$(5 - \dfrac{2}{3}) \times (5 + \dfrac{2}{3})$

$= 5^2 - (\dfrac{2}{3})^2$

$= 24\dfrac{5}{9}$

最终答案：$24\dfrac{5}{9}$

强化练习

① $2\dfrac{1}{2} \times 3\dfrac{1}{2} =$

② $3\dfrac{1}{4} \times 4\dfrac{3}{4} =$

③ $4\dfrac{1}{5} \times 5\dfrac{4}{5} =$

④ $5\dfrac{1}{2} \times 6\dfrac{1}{2} =$

⑤ $5\dfrac{1}{3} \times 6\dfrac{2}{3} =$

⑥ $5\dfrac{3}{4} \times 6\dfrac{1}{4} =$

⑦ $6\dfrac{1}{4} \times 7\dfrac{3}{4} =$

⑧ $6\dfrac{1}{5} \times 7\dfrac{4}{5} =$

⑨ $7\dfrac{1}{2} \times 8\dfrac{1}{2} =$

⑩ $7\dfrac{1}{4} \times 8\dfrac{3}{4} =$

答案：

① $8\dfrac{3}{4}$　② $15\dfrac{7}{16}$　③ $24\dfrac{9}{25}$　④ $35\dfrac{3}{4}$　⑤ $35\dfrac{5}{9}$　⑥ $35\dfrac{15}{16}$

⑦ $48\dfrac{7}{16}$　⑧ $48\dfrac{9}{25}$　⑨ $63\dfrac{3}{4}$　⑩ $63\dfrac{7}{16}$

第六章

平方与平方根

在大多数的学科里，一代人的建筑为下一代人所摧毁，一个人的创造被另一个人所破坏。唯独数学，每一代人都在古老的大厦上添砖加瓦。

——赫尔曼·汉克尔

第一节
11～19 之间的数的平方

基本规则

①底数的个位与底数相加。

②底数的个位与个位相乘（若得数小于 10，则在前面加 "0"，比如 $3 \times 3 = 9$，写成 09）。

③将所得和的个位与所得积的十位对齐，组合得到的数字即是答案。

例题解析

例 1： $17^2 = ?$

第一步，底数的个位与底数相加：

$7 + 17 = 24$

第二步，底数的个位与个位相乘：

$7 \times 7 = 49$

第三步，将两数组合：

$$\begin{array}{r} 24 \\ 49 \\ \hline 289 \end{array}$$

最终答案：289

例 2： $14^2 = ?$

第一步，底数的个位与底数相加：

$4 + 14 = 18$

第二步，底数的个位与个位相乘：

$4 \times 4 = 16$

第三步，将两数组合：

$$\begin{array}{r} 18 \\ \underline{16} \\ 196 \end{array}$$

最终答案：196

例3：$12^2 = ?$

第一步，底数的个位与底数相加：

$2 + 12 = 14$

第二步，底数的个位与个位相乘：

$2 \times 2 = 4$

第三步，将两数组合：

$$\begin{array}{r} 14 \\ \underline{04} \\ 144 \end{array}$$

最终答案：144

 强化练习

① $11^2 =$ ② $13^2 =$

③ $15^2 =$ ④ $16^2 =$

⑤ $18^2 =$ ⑥ $19^2 =$

答案：

① 121   ② 169   ③ 225   ④ 256   ⑤ 324   ⑥ 361

第二节
26 ~ 49 之间的数的平方

基本规则

①用底数减去 25，记下得数。

②50 减去底数，然后求差的平方，满百进 1，小于 10 补 0。

③将所得差的个位与所得平方的百位对齐（没有百位则将百位位置空出），组合得到的数字即是答案。

例题解析

例 1：$49^2 = ?$

第一步，底数减去 25：

$49 - 25 = 24$

第二步，50 减去底数，然后求差的平方：

$(50 - 49)^2 = 1$

第三步，将两数组合：

$$\begin{array}{r} 24 \\ 01 \\ \hline 2401 \end{array}$$

最终答案：2401

例 2：$27^2 = ?$

第一步，底数减去 25：

$27 - 25 = 2$

第二步，50 减去底数，然后求差的平方：

$$(50-27)^2 = 529$$

第三步，将两数组合：

$$\begin{array}{r} 2 \\ 529 \\ \hline 729 \end{array}$$

最终答案：729

例3： $46^2 = ?$

第一步，底数减去25：

$$46 - 25 = 21$$

第二步，50减去底数，然后求差的平方：

$$(50-46)^2 = 16$$

第三步，将两数组合：

$$\begin{array}{r} 21 \\ 16 \\ \hline 2116 \end{array}$$

最终答案：2116

强化练习

① $29^2 =$ 　　　　② $36^2 =$

③ $31^2 =$ 　　　　④ $42^2 =$

⑤ $28^2 =$ 　　　　⑥ $37^2 =$

⑦ $43^2 =$ 　　　　⑧ $35^2 =$

⑨ $26^2 =$ 　　　　⑩ $34^2 =$

答案：

① 841　② 1296　③ 961　④ 1764　⑤ 784　⑥ 1369
⑦ 1849　⑧ 1225　⑨ 676　⑩ 1156

第三节
尾数是 1 或 9 的两位数的平方

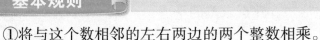

基本规则

①将与这个数相邻的左右两边的两个整数相乘。
②它们的积再加 1，就得到了答案。

例题解析

例 1：$21^2 = ?$

第一步，临近 21 左右的两个整数相乘：

$20 \times 22 = 440$

第二步，440 加 1：

$440 + 1 = 441$

最终答案：441

例 2：$19^2 = ?$

第一步，临近 19 左右的两个整数相乘：

$18 \times 20 = 360$

第二步，360 加 1：

$360 + 1 = 361$

最终答案：361

例 3：$59^2 = ?$

第一步，临近 59 左右的两个整数相乘：

$58 \times 60 = 3480$

第二步，3480 加 1：

$3480 + 1 = 3481$

最终答案：3481

例 4：$61^2 = ?$

第一步，临近 61 左右的两个整数相乘：

$60 \times 62 = 3720$

第二步，3720 加 1：

$3720 + 1 = 3721$

最终答案：3721

例 5：$11^2 = ?$

第一步，临近 11 左右的两个整数相乘：

$10 \times 12 = 120$

第二步，120 加 1：

$120 + 1 = 121$

最终答案：121

强化练习

① $71^2 =$　　　　　② $41^2 =$

③ $31^2 =$　　　　　④ $39^2 =$

⑤ $29^2 =$　　　　　⑥ $99^2 =$

⑦ $81^2 =$　　　　　⑧ $79^2 =$

⑨ $51^2 =$　　　　　⑩ $69^2 =$

答案：

① 5041　② 1681　③ 961　④ 1521　⑤ 841　⑥ 9801

⑦ 6561　⑧ 6241　⑨ 2601　⑩ 4761

第四节
个位是 5 的两位数的平方

①十位上的数字乘以比它大 1 的数。
②在上一步得数后面紧接着写上 25。

例题解析

例 1：$95^2 = ?$

②将 25 直接写在这里

$$95 \quad \times \quad 95 \quad = \quad 90 \quad 25$$

① $9 \times (9+1) = 90$

第一步，十位上的数字 9 乘以比它大 1 的数 10：

$9 \times 10 = 90$

第二步，在 90 后面写上 25：

最终答案：9025

例 2：$25^2 = ?$

②将 25 直接写在这里

$$25 \quad \times \quad 25 \quad = \quad 6 \quad 25$$

① $2 \times (2+1) = 6$

第一步，十位上的数字 2 乘以比它大 1 的数 3：

$2 \times 3 = 6$

第二步，在 6 后面写上 25：

最终答案：625

例 3：$75^2 = ?$

②将 25 直接写在这里

75 × 75 = 56 25

① 7×(7+1)=56

第一步，十位上的数字 7 乘以比它大 1 的数 8：

$7 \times 8 = 56$

第二步，在 56 后面写上 25：

最终答案：5625

强化练习

① $15^2 =$ ② $35^2 =$

③ $45^2 =$ ④ $55^2 =$

⑤ $65^2 =$ ⑥ $85^2 =$

⑦ $75^2 =$

答案：

① 225   ② 1225   ③ 2025   ④ 3025   ⑤ 4225   ⑥ 7225

⑦ 5625

第五节
十位是 5 的两位数的平方

基本规则

①先将个位数字加 25 得到答案的左半部分。

②再将个位数字平方得到答案的右半部分（注意：1，2，3 的平方应分别记作 01，04，09）。

例题解析

例 1：$52^2 = ?$

第一步，个位数字 2 加 25：

$25 + 2 = 27$（答案的左边）

第二步，个位数字 2 求平方：

$2 \times 2 = 04$（答案的右边）

第三步，把左右两部分合起来：

2704

最终答案：2704

例 2：$57^2 = ?$

第一步，个位数字 7 加 25：

$25 + 7 = 32$（答案的左边）

第二步，个位数字 7 求平方：

$7 \times 7 = 49$（答案的右边）

第三步，把左右两部分合起来：

3249

最终答案：3249

例 3：$50^2 = ?$

第一步，个位数字 0 加 25：

$0 + 25 = 25$（答案的左边）

第二步，个位数字 0 求平方：

$0 \times 0 = 0$（答案的右边，最终写成 00）

第三步，把左右两部分合起来：

2500

最终答案：2500

例 4：$59^2 = ?$

第一步，个位数字 9 加 25：

$9 + 25 = 34$（答案的左边）

第二步，个位数字 9 求平方：

$9 \times 9 = 81$（答案的右边）

第三步，把左右两部分合起来：

3481

最终答案：3481

强化练习

① $51^2 =$ ② $53^2 =$

③ $54^2 =$ ④ $55^2 =$

⑤ $56^2 =$ ⑥ $58^2 =$

答案：

① 2601　② 2809　③ 2916　④ 3025　⑤ 3136　⑥ 3364

第六节
91～99 之间的数的平方

基本规则

①先求出已知数与 100 之间的差，将已知数减去这个差得到的结果，就是最终结果的前半部分。

②后半部分则是已知数与 100 之间的差的平方（注意：1，2，3 的平方分别写作 01，04，09）。

例题解析

例 1：$93^2 = ?$

第一步，求底数与 100 的差：

$100 - 93 = 7$

第二步，底数减去求得的差（结果的左边）：

$93 - 7 = 86$

第三步，求差的平方（结果的右边）：

$7 \times 7 = 49$

最终答案：8649

例 2：94×94（或 94^2）$= ?$

第一步，求底数与 100 的差：

$100 - 94 = 6$

第二步，底数减去求得的差（结果的左边）：

$94 - 6 = 88$

第三步，求差的平方（结果的右边）：

$6 \times 6 = 36$

最终答案：8836

例3：$99^2 = ?$

第一步，求底数与100的差：

$100 - 99 = 1$

第二步，底数减去求得的差（结果的左边）：

$99 - 1 = 98$

第三步，求差的平方（结果的右边）：

$1 \times 1 = 1$（最终写成01）

最终答案：9801

强化练习

① $91^2 =$ ② $92^2 =$

③ $95^2 =$ ④ $96^2 =$

⑤ $97^2 =$ ⑥ $98^2 =$

答案：

① 8281   ② 8464   ③ 9025   ④ 9216   ⑤ 9409   ⑥ 9604

第七节
任意两位数的平方

基本规则

①求个位数的平方。
②将底数的两个数字相乘并加倍。
③求十位数的平方。
④将所得的数字组合相加，即得出答案。

例题解析

例1：$84^2 = ?$

第一步，求个位数 4 的平方：

$4 \times 4 = 16$

第二步，个位数与十位数相乘并加倍：

$4 \times 8 \times 2 = 64$

第三步，求十位数 8 的平方：

$8 \times 8 = 64$

将所得的数字组合：

```
   16
  64
 64
────
7056
```

最终答案：7056

例2：$95^2 = ?$

第一步，求个位数5的平方：

$5 \times 5 = 25$

第二步，个位数与十位数相乘并加倍：

$5 \times 9 \times 2 = 90$

第三步，求十位数9的平方：

$9 \times 9 = 81$

将所得的数字组合：

$$
\begin{array}{r}
25 \\
90 \\
81 \\
\hline
9025
\end{array}
$$

最终答案：9025

强化练习

① $77^2 =$　　　　② $81^2 =$

③ $75^2 =$　　　　④ $17^2 =$

⑤ $27^2 =$　　　　⑥ $96^2 =$

⑦ $57^2 =$　　　　⑧ $79^2 =$

⑨ $38^2 =$　　　　⑩ $83^2 =$

答案：

① 5929　② 6561　③ 5625　④ 289　⑤ 729　⑥ 9216
⑦ 3249　⑧ 6241　⑨ 1444　⑩ 6889

第八节
任意三位数的平方

基本规则

①求由第二、第三位数组成的两位数的平方。

②通过第一位和最后一位数字相乘构成一个"开放的交叉积"，然后再加到第一步结果的左端的两位数字上。

③求由第一、第二位数组成的两位数的平方，再减去中间数字的平方。

④将得到的两个结果组合相加，即可得出答案。

例题解析

例1： $462^2 = ?$

第一步，暂时忘记462中的4。我们只剩下62，按照计算两位数的平方的方法计算62的平方：

462
62

$62 \times 62 = 3844$

第二步，通过将第一位和最后一位数字乘在一起来构造一个"开放的交叉积"，也就是其中的4和2相乘，再加倍：$4 \times 2 \times 2 = 16$。将这个数加在第一步结果的左端的两位数字上：

3844

16

5444

第三步，现在暂时忘记462中的2，用求两位数平方的方法计算46

的平方：

$$\frac{462}{46}$$

$$46 \times 46 = 2116$$

第四步，用 2116 减去 462 的中间数字 6 的平方：

$$2116 - 6^2$$

$$= 2116 - 36$$

$$= 2080$$

第五步，将得到的两个结果组合相加：

$$\begin{array}{r} 5444 \\ 2080 \\ \hline 213444 \end{array}$$

最终答案：213444

例 2： $387^2 = ?$

第一步，暂时忘记 387 中的 3。我们只剩下 87，按照计算两位数的平方的方法计算 87 的平方：

$$\frac{387}{87}$$

$$87 \times 87 = 7569$$

第二步，将第一位和最后一位数字相乘，构造一个"开放的交叉积"，然后再加倍：$3 \times 7 \times 2 = 42$。将得数直接加在第一步结果的左端的两位数字上：

$$\begin{array}{r} 7569 \\ 42 \\ \hline 11769 \end{array}$$

第三步，现在暂时忘记 387 中的 7，用求两位数平方的方法计算 38 的平方：

$$\frac{387}{38}$$

$$38 \times 38 = 1444$$

第四步，用 1444 减去 387 的中间数字 8 的平方：

$$1444 - 8^2$$

$= 1444 - 64$

$= 1380$

第五步，将得到的两个结果组合相加：

```
  11769
  1380
 ───────
 149769
```

最终答案：149769

 强化练习

① $525^2 =$ ② $117^2 =$

③ $139^2 =$ ④ $725^2 =$

⑤ $115^2 =$ ⑥ $136^2 =$

⑦ $212^2 =$ ⑧ $476^2 =$

⑨ $927^2 =$ ⑩ $577^2 =$

答案：

① 275625   ② 13689   ③ 19321   ④ 525625   ⑤ 13225

⑥ 18496   ⑦ 44944   ⑧ 226576   ⑨ 859329   ⑩ 332929

第九节
三位数的平方根

基本规则

①将已知数字在十位和百位之间分开。

②找出其平方不大于百位数的最大整数，即答案的第一位数字。

③用百位数减去答案第一位数字的平方，所得结果的一半乘以10，然后除以答案的第一位数字，就是答案的第二位数字。

例题解析

例1： $\sqrt{625} = ?$

第一步，划分位置：

6/25

第二步，找出最大整数：

$2^2 < 6$

所以，答案的第一位数字为2。

第三步，用百位数减去答案第一位数字的平方，所得结果的一半乘以10，然后除以答案的第一位数字即得出第二位数字：

$$(6 - 2^2) \times \frac{1}{2} \times 10 \div 2 = 5$$

第四步，检验：

$25 \times 25 = 625$，符合条件。

最终答案：25

例2：$\sqrt{645} = ?$

第一步，划分位置：

6/45

第二步，找出最大整数：

$2^2 < 6$

所以，答案的第一位数字为2。

第三步，用百位数减去答案第一位数字的平方，所得结果的一半乘以10，然后除以答案的第一位数字，即得出第二位数字：

$$(6 - 2^2) \times \frac{1}{2} \times 10 \div 2 = 5$$

第四步，检验：

$25 \times 25 = 625$，$645 - 625 = 20$，余数为20（在平方根中，余数必须不大于答案的两倍）。

最终答案：25 余 20

强化练习

① $\sqrt{961} =$ ② $\sqrt{841} =$

③ $\sqrt{729} =$ ④ $\sqrt{361} =$

⑤ $\sqrt{289} =$ ⑥ $\sqrt{530} =$

⑦ $\sqrt{340} =$ ⑧ $\sqrt{580} =$

⑨ $\sqrt{150} =$ ⑩ $\sqrt{490} =$

答案： ① 31 ② 29 ③ 27 ④ 19 ⑤ 17 ⑥ 23 余 1 ⑦ 18 余 16 ⑧ 24 余 4 ⑨ 12 余 6 ⑩ 22 余 6

第七章

速算与简算

有什么科学比数学更高贵，更卓越，更有益于人类，更重要，以及更令人信服呢？

——本杰明·富兰克林

第一节
个位相同的两位数相乘

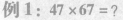

基本规则

①将个位数字相乘，得数放在答案的个位上。

②将两数十位上的数相加的和乘以个位上的数，得数放在答案的十位上。

③将两数十位上的数相乘，得数写在答案十位数前（满 10 进位）。

例题解析

例1：$47 \times 67 = ?$

第一步，个位数字相乘：

$7 \times 7 = 49$（得 9 进 4）

第二步，十位上的数相加，和乘以个位的数：

$(4 + 6) \times 7 = 70$（加进位的 4，得 4 进 7）

第三步，十位数字相乘：

$4 \times 6 = 24$（加进位的 7，得 31）

最终答案：3149

例2：$23 \times 53 = ?$

第一步，个位数字相乘：

$3 \times 3 = 9$

第二步，十位上的数相加，和乘以个位上的数：

$(2 + 5) \times 3 = 21$（得 1 进 2）

第三步：十位数字相乘：

$2 \times 5 = 10$ （加进位的 2，得 12）

最终答案：1219

例 3： $29 \times 39 = ?$

第一步，个位数字相乘：

$9 \times 9 = 81$ （得 1 进 8）

第二步，十位上的数相加，和乘以个位的数：

$(2 + 3) \times 9 = 45$ （加进位的 8，得 3 进 5）

第三步：十位数字相乘：

$2 \times 3 = 6$ （加进位的 5，得 11）

最终答案：1131

例 4： $24 \times 34 = ?$

第一步，个位数字相乘：

$4 \times 4 = 16$ （得 6 进 1）

第二步，十位上的数相加，和乘以个位的数：

$(2 + 3) \times 4 = 20$ （加进位的 1，得 1 进 2）

第三步，十位数字相乘：

$2 \times 3 = 6$ （加进位的 2，得 8）

最终答案：816

强化练习

① $77 \times 97 =$　　　　② $51 \times 81 =$

③ $36 \times 86 =$　　　　④ $27 \times 57 =$

⑤ $84 \times 34 =$　　　　⑥ $62 \times 12 =$

⑦ $25 \times 75 =$　　　　⑧ $18 \times 78 =$

⑨ $49 \times 59 =$　　　　⑩ $43 \times 73 =$

答案：

① 7469　② 4131　③ 3096　④ 1539　⑤ 2856　⑥ 744

⑦ 1875　⑧ 1404　⑨ 2891　⑩ 3139

第二节
十位相同,个位
相加为 10 的数相乘

基本规则

①十位上的数字乘以比它大 1 的数。

②两个个位数相乘。

③将第二步的得数直接写在第一步的得数后面。

例题解析

例 1: $63 \times 67 = ?$

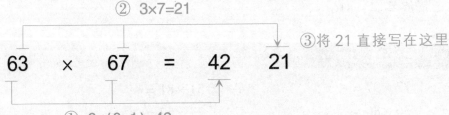

②3×7=21

③将 21 直接写在这里

$$63 \times 67 = 42\ 21$$

①6×(6+1)=42

第一步,十位上的数字 6 乘以比它大 1 的数 7:

$6 \times 7 = 42$

第二步,个位数字 3 和 7 相乘:

$3 \times 7 = 21$

第三步,将 21 直接写在 42 之后:

4221

最终答案:4221

例2：$16 \times 14 = ?$

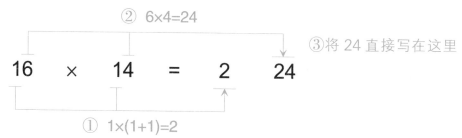

② 6×4=24

③将24直接写在这里

| 16 | × | 14 | = | 2 | 24 |

① 1×(1+1)=2

第一步，十位上的数字1乘以比它大1的数2：

$1 \times 2 = 2$

第二步，个位数字6和4相乘：

$6 \times 4 = 24$

第三步，将24直接写在2之后：

224

最终答案：224

例3：$79 \times 71 = ?$

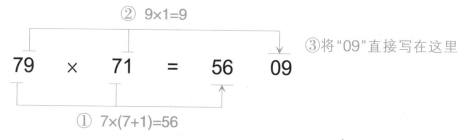

② 9×1=9

③将"09"直接写在这里

| 79 | × | 71 | = | 56 | 09 |

① 7×(7+1)=56

第一步，十位上的数字7乘以比它大1的数8：

$7 \times 8 = 56$

第二步，个位数字9和1相乘：

$9 \times 1 = 9$

第三步，将"09"直接写在56之后：

5609

最终答案：5609

例 4：$42 \times 48 = ?$

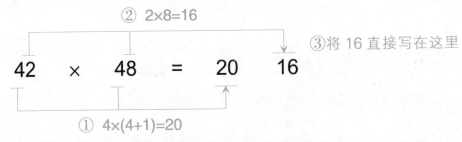

③将 16 直接写在这里

第一步，十位上的数字 4 乘以比它大 1 的数 5：

$4 \times 5 = 20$

第二步，个位数字 2 和 8 相乘：

$2 \times 8 = 16$

第三步，将 16 直接写在 20 之后：

2016

最终答案：2016

强化练习

① $22 \times 28 =$ ② $31 \times 39 =$

③ $46 \times 44 =$ ④ $58 \times 52 =$

⑤ $84 \times 86 =$ ⑥ $95 \times 95 =$

⑦ $29 \times 21 =$ ⑧ $74 \times 76 =$

⑨ $42 \times 48 =$ ⑩ $57 \times 53 =$

答案：

① 616   ② 1209   ③ 2024   ④ 3016   ⑤ 7224   ⑥ 9025

⑦ 609   ⑧ 5624   ⑨ 2016   ⑩ 3021

第三节
十位相同的任意两位数相乘

基本规则

①被乘数加上乘数个位上的数字，和乘以十位的整十数（11～19 段的就乘以 10，21～29 段的就乘以 20……）。

②两个个位数相乘。

③将前两步的得数相加。

例题解析

例1：**15 × 17 = ？**

第一步，15 加上 17 个位上的数字 7，和乘以十位的整十数 10：

$$15 \times 17 = ?$$

（15 + 7）× 10 = 220

第二步，个位数 5 和 7 相乘：

$$15 \times 17 = ?$$

5 × 7 = 35

第三步，将前两步的得数相加：

220 + 35 = 255

最终答案：255

例2：$13 \times 16 = ?$

第一步，13 加上 16 个位上的数字 6，和乘以十位的整十数 10：

$$13 \quad \times \quad 16 \quad = \quad ?$$

$$(13 + 6) \times 10 = 190$$

第二步，个位数 3 和 6 相乘：

$$13 \quad \times \quad 16 \quad = \quad ?$$

$$3 \quad \times \quad 6 \quad = 18$$

第三步，将前两步的得数相加：

$$190 + 18 = 208$$

最终答案：208

例3：$17 \times 12 = ?$

第一步，17 加上 12 个位上的数字 2，和乘以十位的整十数 10：

$$17 \quad \times \quad 12 \quad = \quad ?$$

$$(17 + 2) \times 10 = 190$$

第二步，个位数 7 和 2 相乘：

$$17 \quad \times \quad 12 \quad = \quad ?$$

$$7 \quad \times \quad 2 \quad = 14$$

第三步，将前两步的得数相加：

$$190 + 14 = 204$$

最终答案：204

例4：$24 \times 27 = ?$

第一步，24 加上 27 的个位数 7，和乘以十位的整十数 20：

$$24 \times 27 = ?$$

$$(24 + 7) \times 20 = 620$$

第二步，个位数 4 和 7 相乘：

$$24 \times 27 = ?$$

$$4 \times 7 = 28$$

第三步，把前两步的得数相加：

$$620 + 28 = 648$$

最终答案：648

强化练习

① $11 \times 15 =$　　　　② $12 \times 13 =$

③ $54 \times 58 =$　　　　④ $16 \times 14 =$

⑤ $34 \times 38 =$　　　　⑥ $41 \times 45 =$

⑦ $66 \times 65 =$　　　　⑧ $78 \times 73 =$

⑨ $82 \times 83 =$　　　　⑩ $24 \times 28 =$

答案：

① 165　② 156　③ 3132　④ 224　⑤ 1292　⑥ 1845

⑦ 4290　⑧ 5694　⑨ 6806　⑩ 672

第四节
个位是 5 的数和偶数相乘

基本规则

①偶数除以 2 或者 4 或者 8。

②个位是 5 的数相应地乘以 2 或者 4 或者 8。

③将前两步的结果相乘。

例题解析

例 1：$22 \times 15 = ?$

第一步，22 是偶数，除以 2：

$22 \div 2 = 11$

第二步，15 个位数是 5，乘以 2：

$15 \times 2 = 30$

第三步，11 和 30 相乘：

$11 \times 30 = 330$

最终答案：330

例 2：$28 \times 25 = ?$

第一步，偶数 28 除以 4：

$28 \div 4 = 7$

第二步，25 乘以 4：

$25 \times 4 = 100$

第三步，7 和 100 相乘：

$7 \times 100 = 700$

最终答案：700

例 3：$12 \times 35 = ?$

解法一：

第一步，偶数 12 除以 2：

$12 \div 2 = 6$

第二步，35 乘以 2：

$35 \times 2 = 70$

第三步，6 和 70 相乘：

$6 \times 70 = 420$

解法二：

第一步，偶数 12 除以 4：

$12 \div 4 = 3$

第二步，35 乘以 4：

$35 \times 4 = 140$

第三步，3 和 140 相乘：

$3 \times 140 = 420$

最终答案：420

强化练习

① $36 \times 15 =$　　　　② $54 \times 25 =$

③ $14 \times 35 =$　　　　④ $18 \times 75 =$

⑤ $32 \times 75 =$　　　　⑥ $52 \times 125 =$

⑦ $328 \times 125 =$　　　⑧ $44 \times 45 =$

⑨ $66 \times 25 =$　　　　⑩ $78 \times 35 =$

答案：

① 540　② 1350　③ 490　④ 1350　⑤ 2400　⑥ 6500

⑦ 41000　⑧ 1980　⑨ 1650　⑩ 2730

第五节
与以 9 结尾的数相乘

基本规则

①将以 9 结尾的这个数加 1，成为 10 的倍数。

②与另一个数相乘。

③将得数减去另一个数，就是最终答案。

例题解析

例 1：$19 \times 5 = ?$

第一步，19 加 1：

$19 + 1 = 20$

第二步，20 乘以 5：

$20 \times 5 = 100$

第三步，100 减 5：

$100 - 5 = 95$

最终答案：95

例 2：$39 \times 4 = ?$

第一步，39 加 1：

$39 + 1 = 40$

第二步，40 乘以 4：

$40 \times 4 = 160$

第三步，160 减 4：

$160 - 4 = 156$

最终答案：156

例 3： $79 \times 9 = ?$

第一步，79 加 1：

$79 + 1 = 80$

第二步，80 乘以 9：

$80 \times 9 = 720$

第三步，720 减 9：

$720 - 9 = 711$

最终答案：711

例 4： $59 \times 8 = ?$

第一步，59 加 1：

$59 + 1 = 60$

第二步，60 乘以 8：

$60 \times 8 = 480$

第三步，480 减 8：

$480 - 8 = 472$

最终答案：472

强化练习

① $19 \times 4 =$ ② $49 \times 3 =$

③ $29 \times 5 =$ ④ $39 \times 6 =$

⑤ $19 \times 8 =$ ⑥ $79 \times 7 =$

⑦ $89 \times 2 =$ ⑧ $69 \times 3 =$

⑨ $59 \times 7 =$ ⑩ $99 \times 4 =$

答案：
① 76   ② 147   ③ 145   ④ 234   ⑤ 152   ⑥ 553   ⑦ 178
⑧ 207   ⑨ 413   ⑩ 396

第六节
差为 2 的两位数相乘

基本规则

①将乘数和被乘数中间的数平方。
②将得数减 1，就是答案。

例题解析

例1：$14 \times 16 =$？

第一步，确定 14 和 16 之间的数：

15

第二步，将 15 平方：

$15 \times 15 = 225$

第三步，将 225 减 1：

$225 - 1 = 224$

最终答案：224

例2：$29 \times 31 =$？

第一步，确定 29 和 31 之间的数：

30

第二步，将 30 平方：

$30 \times 30 = 900$

第三步，将 900 减 1：

$900 - 1 = 899$

最终答案：899

例 3： $39 \times 41 = ?$

第一步，确定 39 和 41 之间的数：

40

第二步，将 40 平方：

$40 \times 40 = 1600$

第三步，将 1600 减 1：

$1600 - 1 = 1599$

最终答案：1599

例 4： $49 \times 51 = ?$

第一步，确定 49 和 51 之间的数：

50

第二步，将 50 平方：

$50 \times 50 = 2500$

第三步，将 2500 减 1：

$2500 - 1 = 2499$

最终答案：2499

强化练习

① $11 \times 13 =$　　　　② $21 \times 19 =$

③ $36 \times 34 =$　　　　④ $14 \times 12 =$

⑤ $24 \times 26 =$　　　　⑥ $75 \times 77 =$

⑦ $73 \times 75 =$　　　　⑧ $79 \times 81 =$

⑨ $54 \times 56 =$　　　　⑩ $44 \times 46 =$

答案：

① 143　② 399　③ 1224　④ 168　⑤ 624　⑥ 5775

⑦ 5475　⑧ 6399　⑨ 3024　⑩ 2024

第七节
任意两位数相乘

基本规则

①将个位数字相乘，得数为答案的个位数。

②乘数与被乘数十位数字与个位数字分别交叉相乘，两积相加的得数放在答案的十位上。

③十位数字相乘，积放在答案的百位上。

例题解析

例1： $23 \times 14 = ?$

第一步，个位数字相乘：

$3 \times 4 = 12$ （得2进1）

第二步，交叉相乘再相加：

$2 \times 4 + 3 \times 1 = 11$ （加进位的1，得2进1）

第三步，十位数字相乘：

$2 \times 1 = 2$ （加进位的1，得3）

最终答案：322

例2： $17 \times 26 = ?$

第一步，个位数字相乘：

$7 \times 6 = 42$ （得2进4）

第二步，交叉相乘再相加：

$7 \times 2 + 1 \times 6 = 20$ （加进位的4，得4进2）

第三步，十位数字相乘：

$1 \times 2 = 2$（加进位的 2，得 4）

最终答案：442

例 3：$33 \times 12 = ?$

第一步，个位数字相乘：

$3 \times 2 = 6$

第二步，交叉相乘再相加：

$3 \times 2 + 3 \times 1 = 9$

第三步，十位数字相乘：

$3 \times 1 = 3$

最终答案：396

例 4：$45 \times 23 = ?$

第一步，个位数字相乘：

$5 \times 3 = 15$（得 5 进 1）

第二步，交叉相乘再相加：

$4 \times 3 + 5 \times 2 = 22$（加进位的 1，得 3 进 2）

第三步，十位数字相乘：

$4 \times 2 = 8$（加进位的 2，得 10）

最终答案：1035

强化练习

① $13 \times 21 =$　　　　② $21 \times 14 =$

③ $36 \times 58 =$　　　　④ $24 \times 53 =$

⑤ $57 \times 22 =$　　　　⑥ $77 \times 25 =$

⑦ $81 \times 27 =$　　　　⑧ $80 \times 17 =$

⑨ $27 \times 17 =$　　　　⑩ $31 \times 15 =$

答案：

① 273　② 294　③ 2088　④ 1272　⑤ 1254　⑥ 1925

⑦ 2187　⑧ 1360　⑨ 459　⑩ 465

第八节
至少有一个乘数接近 100

基本规则

①以 100 为基数，分别找到被乘数和乘数的补数。

②用被乘数减去乘数的补数（或者用乘数减去被乘数的补数），把差写下来。

③两个补数相乘。

④将第三步的得数直接写在第二步的得数后面。

例题解析

例 1：$91 \times 91 = ?$

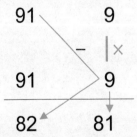

第一步，以 100 为基数，被乘数和乘数同为 91，它们的补数相同，都是 9：

$91 \rightarrow 9$

$91 \rightarrow 9$

第二步，用被乘数 91 减去乘数 91 的补数 9：

$91 - 9 = 82$

第三步，两个补数 9 相乘：

$9 \times 9 = 81$

第四步，将 81 直接写在 82 的后面。

最终答案：8281

例2： $55 \times 95 = ?$

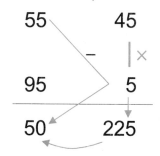

注意：当补数的乘积达到 100 后，记得向前进位！

第一步，以 100 为基数，被乘数 55 的补数是 45，乘数 95 的补数是 5：

$55 \rightarrow 45$

$95 \rightarrow 5$

第二步，用被乘数 55 减去乘数 95 的补数 5：

$55 - 5 = 50$

第三步，补数 45 和 5 相乘：

$45 \times 5 = 225$

第四步，在 50 后面直接写下 225，并将百位上的 2 进位到 50 的个位。

最终答案：5225

例3： $19 \times 99 = ?$

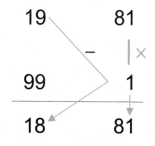

第一步，以 100 为基数，被乘数 19 的补数是 81，乘数 99 的补数是 1：

19→81

99→1

第二步，用被乘数 19 减去乘数 99 的补数 1：

19 – 1 ＝ 18

第三步，补数 81 和 1 相乘：

81 × 1 ＝ 81

第四步，将 81 直接写在 18 的后面。

最终答案：1881

强化练习

① 82 × 92 =   ② 73 × 93 =

③ 64 × 94 =   ④ 46 × 96 =

⑤ 37 × 97 =   ⑥ 28 × 98 =

⑦ 95 × 27 =   ⑧ 93 × 48 =

⑨ 99 × 39 =   ⑩ 98 × 71 =

答案：

① 7544   ② 6789   ③ 6016   ④ 4416   ⑤ 3589   ⑥ 2744

⑦ 2565   ⑧ 4464   ⑨ 3861   ⑩ 6958

第九节
101~109 之间的两数相乘

基本规则

①被乘数加上乘数个位上的数字。

②个位上的数字相乘。

③将第二步的得数直接写在第一步的得数后面。

例题解析

例 1：$105 \times 109 = ?$

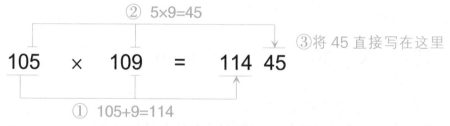

第一步，被乘数 105 加上乘数 109 个位上的数字 9：

$105 + 9 = 114$

第二步，两个数个位上的数字 5 和 9 相乘：

$5 \times 9 = 45$

第三步，将 45 写在 114 之后：

11445

最终答案：11445

例2：$101 \times 104 = ?$

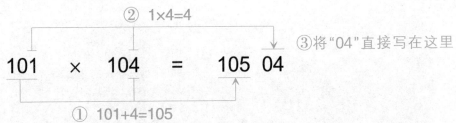

注意：个位上的数字相乘小于10，需在结果的十位上补一个"0"。

第一步，被乘数101加上乘数104个位上的数字4：

$101 + 4 = 105$

第二步，两个数个位上的数字1和4相乘：

$1 \times 4 = 4$

第三步，将"04"写在105之后：

10504

最终答案：10504

例3：$107 \times 107 = ?$

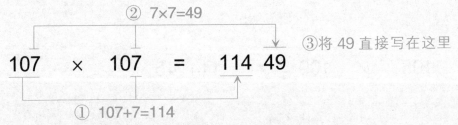

第一步，被乘数107加上乘数107个位上的数字7：

$107 + 7 = 114$

第二步，两个数个位上的数字7和7相乘：

$7 \times 7 = 49$

第三步，将49写在114之后：

11449

最终答案：11449

例 4 ： $102 \times 109 = ?$

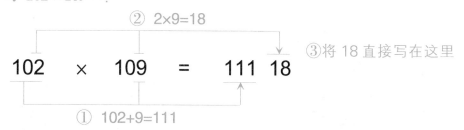

② 2×9=18

③将 18 直接写在这里

102 × 109 = 111 18

① 102+9=111

第一步，被乘数 102 加上乘数 109 个位上的数字 9：

$102 + 9 = 111$

第二步，两个数个位上的数字 2 和 9 相乘：

$2 \times 9 = 18$

第三步，将 18 写在 111 之后：

11118

最终答案：11118

强化练习

① $102 \times 107 =$

② $103 \times 106 =$

③ $104 \times 102 =$

④ $106 \times 101 =$

⑤ $108 \times 102 =$

⑥ $109 \times 108 =$

⑦ $105 \times 105 =$

⑧ $107 \times 105 =$

⑨ $101 \times 109 =$

⑩ $108 \times 107 =$

答案：

① 10914　② 10918　③ 10608　④ 10706　⑤ 11016

⑥ 11772　⑦ 11025　⑧ 11235　⑨ 11009　⑩ 11556

第十节
三位数乘以两位数

基本规则

①将个位数字相乘，得数为答案的个位数。

②将被乘数看成由几个两位数构成，分别与乘数进行交叉相乘。

③为了求得答案的左端数字，将被乘数和乘数中的两个左端数字乘在一起。

注：这种情况实际上是两位数相乘的进一步演绎，与两位数相乘不同的是，我们需要重复第二个步骤（根据被乘数的长度重复足够多的次数）。一个任意长度的乘数相乘时，为方便计算，被乘数前面需添加与乘数位数相同的0。

例题解析

例 1：312 × 14 = ？

第一步，将 312 和 14 的个位数相乘，2 × 4 = 8：

$$\frac{00312}{8} \times 14$$

第二步，将 312 分两组，分别与 14 进行交叉相乘，2 × 1 + 1 × 4 = 6：

$$\frac{00312 \times 14}{68}$$

第三步，按上述方法，继续相乘，3 × 4 + 1 × 1 = 13，得 3 进 1：

$$\frac{00312 \times 14}{`368}$$

第四步，将 312 和 14 的左端数字相乘，3 × 1 = 3，加进位的 1，等于 4：

$$\frac{00312}{4368} \times 14$$

最终答案：4368

例 2：$117 \times 28 = ?$

第一步，将 117 和 28 的个位数相乘，$7 \times 8 = 56$，得 6 进 5：

$$\frac{00117}{6} \times 28$$

第二步，将 117 分两组，分别与 28 进行交叉相乘，$2 \times 7 + 8 \times 1 = 22$，加进位的 5，得 7 进 2：

$$\frac{00117}{76} \times 28$$

第三步，按上述方法，继续相乘：

$$\frac{00117}{276} \times 28$$

第四步，将 117 和 28 的左端数字相乘：

$$\frac{00117}{3276} \times 28$$

最终答案：3276

强化练习

① $311 \times 23 =$　　　　② $525 \times 27 =$
③ $408 \times 17 =$　　　　④ $522 \times 31 =$
⑤ $927 \times 25 =$　　　　⑥ $829 \times 13 =$
⑦ $241 \times 32 =$　　　　⑧ $117 \times 27 =$
⑨ $198 \times 48 =$　　　　⑩ $304 \times 51 =$

答案：

① 7153　② 14175　③ 6936　④ 16182　⑤ 23175
⑥ 10777　⑦ 7712　⑧ 3159　⑨ 9504　⑩ 15504

第十一节
两个数中间存在
整十、整百、整千数

基本规则

被乘数和乘数中间存在整十、整百或整千数的乘法运算：

①找到被乘数和乘数的中间数——也就那个整十、整百或整千数，并将这个中间数乘二次方。

②求被乘数（或乘数）与中间数的差，并将其乘二次方。

③用第一步的得数减去第二步的得数。

例题解析

例1：$17 \times 23 = ?$

中间数

$$17 \longleftarrow 3 \longrightarrow \boxed{20} \longleftarrow 3 \longrightarrow 23$$

第一步，被乘数 17 和乘数 23 的中间数是 20，将 20 乘二次方：

$20^2 = 20 \times 20 = 400$

第二步，被乘数 17（或乘数 23）与中间数 20 的差是 3，将 3 乘二次方：

$3^2 = 3 \times 3 = 9$

第三步，用 400 减去 9：

$400 - 9 = 391$

最终答案：391

例 2：$96 \times 104 = ?$

中间数

$$96 \longleftarrow 4 \longrightarrow \boxed{100} \longleftarrow 4 \longrightarrow 104$$

第一步，被乘数 96 和乘数 104 的中间数是 100，将 100 乘二次方：
$100^2 = 100 \times 100 = 10000$

第二步，被乘数 96（或乘数 104）与中间数 100 的差是 4，将 4 乘二次方：
$4^2 = 4 \times 4 = 16$

第三步，用 10000 减去 16：
$10000 - 16 = 9984$

最终答案：9984

例 3：$148 \times 152 = ?$

中间数

$$148 \longleftarrow 2 \longrightarrow \boxed{150} \longleftarrow 2 \longrightarrow 152$$

第一步，被乘数 148 和乘数 152 的中间数是 150，将 150 乘二次方：
$150^2 = 150 \times 150 = 22500$

第二步，被乘数 148（或乘数 152）与中间数 150 的差是 2，将 2 乘二次方：
$2^2 = 2 \times 2 = 4$

第三步，用 22500 减去 4：
$22500 - 4 = 22496$

最终答案：22496

例 4：$65 \times 75 = ?$

中间数

$$65 \longleftarrow 5 \longrightarrow \boxed{70} \longleftarrow 5 \longrightarrow 75$$

第一步，被乘数 65 和乘数 75 的中间数是 70，将 70 乘二次方：
$70^2 = 70 \times 70 = 4900$

第二步，被乘数 65（或乘数 75）与中间数 70 的差是 5，将 5 乘以二次方：

$5^2 = 5 \times 5 = 25$

第三步，用 4900 减去 25：

$4900 - 25 = 4875$

最终答案：4875

例 5：$44 \times 56 = ?$

中间数

$$44 \leftarrow 6 \rightarrow \boxed{50} \leftarrow 6 \rightarrow 56$$

第一步，被乘数 44 和乘数 56 的中间数是 50，将 50 乘二次方：

$50^2 = 50 \times 50 = 2500$

第二步，被乘数 44（或乘数 56）与中间数 50 的差是 6，将 6 乘以二次方：

$6^2 = 6 \times 6 = 36$

第三步，用 2500 减去 36：

$2500 - 36 = 2464$

最终答案：2464

强化练习

① $28 \times 32 =$ ② $36 \times 44 =$

③ $55 \times 65 =$ ④ $79 \times 81 =$

⑤ $107 \times 113 =$ ⑥ $999 \times 1001 =$

⑦ $1985 \times 2015 =$ ⑧ $47 \times 53 =$

⑨ $190 \times 210 =$ ⑩ $392 \times 408 =$

答案：

① 896   ② 1584   ③ 3575   ④ 6399   ⑤ 12091   ⑥ 999999

⑦ 3999775   ⑧ 2491   ⑨ 39900   ⑩ 159936

第十二节
任意三位数相乘

基本规则

①个位与个位相乘，得到结果的个位。

②交叉相乘（相乘前在被乘数前加3个"0"，交叉相乘至最前面的"0"）。

例题解析

例1：$213 \times 121 = ?$

第一步，将两数的个位相乘：

$3 \times 1 = 3$

$\dfrac{000213}{3} \times 121$

第二步，将两数的后两位交叉相乘再相加：

$1 \times 1 + 3 \times 2 = 7$

$\dfrac{000213}{73} \times 121$

第三步，将被乘数后三位与乘数交叉相乘再相加：

$2 \times 1 + 1 \times 2 + 3 \times 1 = 7$

$\dfrac{000213}{773} \times 121$

第四步，将被乘数第三、第四、第五位与乘数交叉相乘再相加：

$0 \times 1 + 2 \times 2 + 1 \times 1 = 5$

$\dfrac{000213}{5773} \times 121$

第五步，将被乘数第二、第三、第四位与乘数交叉相乘再相加：

$0 \times 1+0 \times 2+2 \times 1=2$

$$\overline{000213 \times 121}$$
$$25773$$

第六步，上一步没有进位，计算结束。

最终答案：25773

例 2： $302 \times 114 = ?$

第一步，将两数的个位相乘：

$2 \times 4 = 8$

$$\overline{000302} \times 114$$
$$8$$

第二步，将两数的后两位交叉相乘再相加：

$0 \times 4+2 \times 1=2$

$$000302 \times 114$$
$$28$$

第三步，将被乘数后三位与乘数交叉相乘再相加：

$2 \times 1+0 \times 1+3 \times 4=14$（得4进1）

$$000302 \times 114$$
$$428$$

第四步，将被乘数第三、第四、第五位与乘数交叉相乘再相加：

$0 \times 4+0 \times 1+3 \times 1=3$（加进位的1得4）

$$000302 \times 114$$
$$4428$$

第五步，将被乘数第二、第三、第四位与乘数交叉相乘再相加：

$0 \times 4+0 \times 1+3 \times 1=3$

$$000302 \times 114$$
$$34428$$

第六步，上一步没有进位，计算结束。

最终答案：34428

例 3： $156 \times 311 = ?$

第一步，将两数的个位相乘：

$6 \times 1 = 6$

$$\frac{000156}{6} \times 311$$

第二步，将两数的后两位交叉相乘再相加：

$5 \times 1 + 6 \times 1 = 11$ （得 1 进 1）

$$000156 \times 311$$
$$.16$$

第三步，将被乘数后三位与乘数交叉相乘再相加：

$1 \times 1 + 5 \times 1 + 6 \times 3 = 24$ （加进位的 1，得 5 进 2）

$$000156 \times 311$$
$$.516$$

第四步，将被乘数第三、第四、第五位与乘数交叉相乘再相加：

$0 \times 1 + 1 \times 1 + 5 \times 3 = 16$ （加进位的 2，得 8 进 1）

$$000156 \times 311$$
$$.8516$$

第五步，将被乘数第二、第三、第四位与乘数交叉相乘再相加：

$0 \times 1 + 0 \times 1 + 1 \times 3 = 3$ （加进位数 1，得 4）

$$000156 \times 311$$
$$48516$$

第六步，上一步没有进位，计算结束。

最终答案：48516

强化练习

① $775 \times 525 =$ ② $117 \times 927 =$

③ $981 \times 821 =$ ④ $139 \times 136 =$

⑤ $632 \times 394 =$ ⑥ $701 \times 654 =$

⑦ $302 \times 387 =$ ⑧ $982 \times 698 =$

⑨ $171 \times 526 =$ ⑩ $417 \times 435 =$

答案：

① 406875 ② 108459 ③ 805401 ④ 18904 ⑤ 249008

⑥ 458454 ⑦ 116874 ⑧ 685436 ⑨ 89946 ⑩ 181395

第十三节
任意四位数相乘

基本规则

对于更长的乘数，我们使用同三位数一样的法则。比如对于四位数的乘数，我们采用这种方式进行处理：答案中的每一位数字都是通过相加四个部分得到。这四个部分中的每一个都是两个数字（它们就是进行交叉相乘的数字对）相乘的结果。

例题解析

例 1：$2103 \times 3214 = ?$

第一步，

00002103×3214

$\qquad$ 2　　（个位数 $3 \times 4 = 12$，得2进1）

第二步，

00002103×3214

$\qquad$ 42　　（$0 \times 4 + 3 \times 1 + 1 = 4$）

第三步，

00002103×3214

$\qquad$ 042　　（$1 \times 4 + 0 \times 1 + 3 \times 2 = 10$，得0进1）

第四步，

00002103×3214

$\qquad$ 9042　　（$2 \times 4 + 1 \times 1 + 0 \times 2 + 3 \times 3 + 1 = 19$，得9进1）

第五步,

$$\overline{00002103} \times 3214$$

$$59042 \qquad (0 \times 4 + 2 \times 1 + 1 \times 2 + 0 \times 3 + 1 = 5)$$

第六步,

$$\overline{00002103} \times 3214$$

$$759042 \qquad (0 \times 4 + 0 \times 1 + 2 \times 2 + 1 \times 3 = 7)$$

第七步,

$$\overline{00002103} \times 3214$$

$$6759042 \qquad (0 \times 4 + 0 \times 1 + 0 \times 2 + 2 \times 3 = 6)$$

由于不存在任何进位,所以解题结束。

最终答案:6759042

例2: $1981 \times 7725 = ?$

第一步:

$$00001981 \times 7725$$

$$5 \qquad (个位数 1 \times 5 = 5)$$

第二步,

$$00001981 \times 7725$$

$$^{\cdot}25 \qquad (8 \times 5 + 1 \times 2 = 42, 得2进4)$$

第三步,

$$00001981 \times 7725$$

$$^{\cdot}225 \qquad (9 \times 5 + 8 \times 2 + 1 \times 7 + 4 = 72, 得2进7)$$

第四步,

$$00001981 \times 7725$$

$$^{\cdot}3225 \qquad (1 \times 5 + 9 \times 2 + 8 \times 7 + 1 \times 7 + 7 = 93, 得3进9)$$

第五步,

$$00001981 \times 7725$$

$$^{\cdot}03225 \qquad (0 \times 5 + 1 \times 2 + 9 \times 7 + 8 \times 7 + 9 = 130, 得0进13)$$

第六步，

00001981 × 7725
`303225   (0×5+0×2+1×7+9×7+13=83, 得3进8)

第七步，

00001981 × 7725
`5303225   (0×5+0×2+0×7+1×7+8=15, 得5进1)

第八步，

00001981 × 7725
15303225   (0+1=1)

由于不存在任何进位，所以解题结束。

最终答案：15303225

  强化练习

① 1981 × 1927 =   ② 1986 × 1324 =
③ 1977 × 1525 =   ④ 9801 × 1117 =
⑤ 4133 × 1212 =   ⑥ 3152 × 3131 =
⑦ 3721 × 4728 =   ⑧ 7525 × 1226 =
⑨ 2747 × 2172 =   ⑩ 3645 × 1298 =

答案：

① 3817387   ② 2629464   ③ 3014925   ④ 10947717
⑤ 5009196   ⑥ 9868912   ⑦ 17592888   ⑧ 9225650   ⑨ 5966484
⑩ 4731210

第八章

巧算与精算

善数，不用筹策。

——老子

第一节
数字魔方

基本规则

看似复杂的谜题转化成乘方运算就可以轻松解决了。

例题解析

例1：现有一个纵横各19道线的正方形围棋盘。问这个棋盘上最多能放多少个棋子？

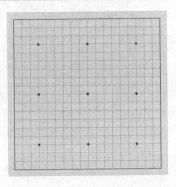

因为围棋棋子需要放在纵横线的"结点"上，因此，计算这个棋盘能放多少个棋子，只要计算纵横线相交一共能够产生多少个交点就可以了。

$19 \times 19 = 361$ 个

因此，这个棋盘最多能放361个棋子。

例2：一包烟有20根，请你点燃第一根香烟，抽完后，1秒后点第二根香烟。抽完第二根后，过2秒再点燃第三根。抽完第三根后，等4秒后点第四根。之后等8秒，如此下去，每次等待的时间加倍就行。只要你遵守规则，我保证，抽不完两包烟，你就能戒掉烟。想知道为什么吗？

只需要算一算第30根香烟后要等多久才能抽第31根香烟，即可知晓。要等的时间为 $2^{29} = 536870912$ 秒 $= 149130.8$ 小时 $= 6213.8$ 天，相当于17年多。能在这么长的时间不抽烟，想不戒怕不成吧！

例 3：一只蜜蜂外出采花粉，发现一处蜜源，它立刻回巢找来 10 个同伴，可还是采不完。于是每只蜜蜂回去各找来 10 只蜜蜂，大家再采，还是剩下很多。于是蜜蜂们又回去叫同伴，每只蜜蜂又叫来 10 个同伴，但仍然采不完。蜜蜂们再回去，每只蜜蜂又叫来 10 个同伴。这一次，终于把这一片蜜源采完了。

你知道采这块蜜源的蜜蜂一共有多少只吗？

第一次搬兵：$1 + 10 = 11$ 只

第二次搬兵：$11 + 11 \times 10 = 11 \times 11 = 121$ 只

第三次搬兵：……

一共搬了四次兵，蜜蜂总数是：$11 \times 11 \times 11 \times 11 = 14641$ 只。

例 4：已知一只公鸡值 5 元，一只母鸡值 3 元，3 只小鸡值 1 元。有人花 100 元买了 100 只鸡，问公鸡、母鸡、小鸡各买了几只？

首先，设公鸡有 x 只，母鸡有 y 只，小鸡有 z 只。根据已知列方程组如下：

$$\begin{cases} 5x + 3y + \dfrac{z}{3} = 100 & ① \\ x + y + z = 100 & ② \end{cases}$$

①$\times 3 -$②，用消去法消去小鸡，得 $7x + 4y = 100$ ③

将③变形，可写作 $7x = 4(25 - y)$，这个式子说明 x 必须是 4 的倍数才能保证 x、y 都是整数，令 $x = 4t$，t 为整数，则 $y = 25 - 7t$，$z = 75 + 3t$。当 $t = 1，2，3$ 时，方程组的解分别为：

$$\begin{cases} x = 4，8，12 \\ y = 18，11，4 \\ z = 78，81，84 \end{cases}$$

因此，这道题目有三组答案：

1. 公鸡 4 只，母鸡 18 只，小鸡 78 只。

2. 公鸡 8 只，母鸡 11 只，小鸡 81 只。

3. 公鸡 12 只，母鸡 4 只，小鸡 84 只。

强化练习

①右图是一个棋盘，棋盘上放有 6 个棋子，请你再在棋盘上放 8 个棋子，使得：

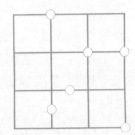

　　a. 每条横线上和竖线上都有 3 个棋子。

　　b. 9 个小方格的边上都有 3 个棋子。

②62 − 63 = 1 是个错误的等式，能不能移动一个数字使得等式成立？移动一个符号让等式成立又应该怎样移呢？

　　62 − 63 = 1

③灵巧的裁缝手中有 8 块神奇的布，它们分别长 1 厘米、2 厘米、4 厘米、8 厘米、16 厘米、32 厘米、64 厘米以及 128 厘米，这几块布可以保证裁缝从中选取若干块就能拼接出 255 厘米之内的所有长度（整厘米数）。在大家对裁缝和他的布大加称赞之时，裁缝却说这一切都应归功于万能的 2^n，你知道这是怎么回事吗？

④花圃里的爬山虎爬得很快，每天增长一倍，只要 56 天便可以覆盖整个花圃。那么，第 55 天时，花圃被覆盖了多少？

⑤有一把 6 厘米的短尺子，上面有 3 个数字刻度被磨掉了，但是，只要有 4 个数字刻度还在，它就依然可以测量 1 到 6 厘米长的物体，你知道是哪 4 个数字刻度吗？

⑥高斯小时候很喜欢数学，有一次在课堂上，老师出了一道题："1 加 2、加 3、加 4……一直加到 100，和是多少？"过了一会儿，正当同学们低着头紧张地计算的时候，高斯却脱口而出："结果是 5050。"

　　你知道他是用什么方法快速地算出来的吗？

⑦在下列算式中添加四则符号，使等式成立。

　　a. 3　3　3　3　3 = 1

　　b. 3　3　3　3　3 = 2

　　c. 3　3　3　3　3 = 3

　　d. 3　3　3　3　3 = 4

　　e. 3　3　3　3　3 = 5

　　f. 3　3　3　3　3 = 6

g. 3　3　3　3　3 = 7

h. 3　3　3　3　3 = 8

i. 3　3　3　3　3 = 9

j. 3　3　3　3　3 = 10

⑧一位疯狂的艺术家为了寻找灵感，把一张厚为 0.1 毫米的很大的纸对半撕开，重叠起来，然后再撕成两半叠起来。假设他如此重复这一过程 25 次，这叠纸会有多厚？

　　A. 像山一样高　　　　C. 像一栋房子一样高

　　B. 像一个人一样高　　D. 像一本书那么厚

⑨诚诚今年才上小学二年级，但是他却可以很快地计算出 85 × 85 和 95 × 95 这样的大数乘法题，你知道他的秘诀吗？

⑩有人出家门望见 9 座堤坝。每座堤坝上有 9 棵树，每棵树有 9 根树枝，每根树枝上有 9 个鸟巢，每个鸟巢里有 9 只大鸟，每只大鸟都养着 9 只小鸟，每只小鸟有 9 根毛，并且每根毛呈现出 9 种不同的

颜色。问一共有多少棵树，多少根树枝，多少个鸟巢，多少只大鸟，多少只小鸟，多少根鸟毛，多少种毛色？

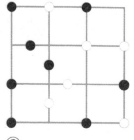

答案：

① 正确的摆法如下图所示：

②：

把 62 移动成 2 的 6 次方：$2^6 - 63 = 1$。

把后面等于号上的"−"移动到前面的减号上：$62 = 63 - 1$。

③试一试你就会发现，1、2、4、8、16、32、64、128 的确能够组

成 1～255 之间的任何数。这八个数都是 2 的整数次幂，也就是 2^n（n 依次取 0、1、2、3、4、5、6、7），并且它们的和是 255。

④这道题看似和 2 的乘方计算相关，但是如果你希望通过计算 2^{55} 求出答案，你恐怕要徒劳了。其实只需要思考清楚第 55 天和第 56 天之间的数量关系问题便能迎刃而解：根据已知，第 56 天爬山虎盖满整个花圃，而前一天（也就是第 55 天）的覆盖面积是它的 $\frac{1}{2}$，因此，第 55 天时，花圃被覆盖了一半。

⑤如下图：

⑥第一个数和最后一个数、第二个数和倒数第二个数相加，它们的和都是一样的，即 $1+100=101$，$2+99=101……50+51=101$，一共有 50 对这样的数，所以答案是：$50 \times 101 = 5050$。

⑦a. $(3+3) \div 3 - 3 \div 3 = 1$

b. $3 \times 3 \div 3 - 3 \div 3 = 2$

c. $3 \times 3 \div 3 + 3 - 3 = 3$

d. $(3+3+3+3) \div 3 = 4$

e. $3 \div 3 + 3 + 3 \div 3 = 5$

f. $3 \times 3 + 3 - 3 - 3 = 6$

g. $3 \times 3 - (3+3) \div 3 = 7$

h. $3 + 3 + 3 - 3 \div 3 = 8$

i. $3 \times 3 \div 3 + 3 + 3 = 9$

j. $3 + 3 + 3 + 3 \div 3 = 10$

⑧ 答案为 A。

0.1 毫米 $\times 2^{25}$ = 3355443.2 毫米 = 3355.4432 米

3000 多米可是一座大山的高度了！

⑨诚诚的窍门其实很简单，个位数是 5 的两位数平方运算非常有规律。首先，用十位上的数字乘以比这个数大 1 的数，然后再在乘积的后两位一律写上 25，就肯定没错了。比如 85×85，首先用十位上的 8 乘以比它大 1 的 9，8×9 等于 72，然后在 72 后面写上 25，即 $85 \times 85 = 7225$。较小一点的数 25 也一样，首先，2×3 等于 6，再写上 25，则 625 就是 25×25 的积了。

⑩树：$9^2 = 81$ 棵

枝：$9^3 = 729$ 根

巢：$9^4 = 6561$ 个

禽：$9^5 = 59049$ 只

雏：$9^6 = 531441$ 只

毛：$9^7 = 4782969$ 根

色：$9^8 = 43046721$ 种

因此，一共有 81 棵树，729 根树枝，6561 个鸟巢，59049 只大鸟，531441 只小鸟，4782969 根羽毛，43046721 种毛色。

第二节
物不知数

基本规则

根据题目中所呈现特定比例的关系，采用简单的方法便可解决。

例题解析

例1：若干只鸡、兔在同一个笼中，它们的头数相等，脚一共有 **90** 只。请问鸡、兔各有几只？

因为鸡、兔头数相等，因此可以把 1 只鸡和 1 只兔子并为一组，每组有 2 + 4 = 6 只脚，90 ÷ 6 = 15，可知一共有 15 组鸡兔，也就是说笼子里有 15 只鸡，15 只兔。

例2：小红买了一些 4 元和 8 元的杂志，共花了 680 元。已知 8 元的杂志比 4 元的杂志多 40 本，那么两种杂志各有多少本？

如果拿出 40 本 8 元的杂志，剩下的杂志中 8 元与 4 元的本数一样多，

（680 − 8 ×40） ÷ （8 +4） =30 本

剩下的杂志中 8 元和 4 元的各有 30 本，8 元的杂志一共有：

40 + 30 = 70 本

因此，8 元的杂志有 70 本，4 元的杂志有 30 本。

例3：蜘蛛有 8 条腿，蜻蜓有 6 条腿和 2 对翅膀，蝉有 6 条腿和 1 对翅膀。现在这三种小虫共 18 只，有 118 条腿和 20 对翅膀。每种小虫各有几只？

因为蜻蜓和蝉都有 6 条腿，所以从腿的数目来考虑，可以把小虫分

成"8条腿"与"6条腿"两种，利用公式就可知8条腿的蜘蛛有：

$(118-6\times18)\div(8-6)=5$只，则6条腿的小虫有：

$18-5=13$只

也就是蜻蜓和蝉共有13只。因为它们共有20对翅膀，再利用一次公式。

蝉的数量：$(13\times2-20)\div(2-1)=6$只

蜻蜓的数量：$13-6=7$只

因此，有5只蜘蛛，7只蜻蜓，6只蝉。

强化练习

①李老师到文具店买笔，红笔每支1.9元，蓝笔每支1.1元，两种笔共买了16支，花了28元。问红、蓝笔各买了几支？

②一份稿件，甲单独打字需6小时完成，乙单独打字需10小时完成。现在甲单独打若干小时后，因有事由乙接着打完，共用了7小时。甲打字用了多少小时？

③渔夫从海上打了大约400条鱼，回家后他发现无论如何分装这些鱼都缺1条：他把鱼每2条装一个袋子，结果缺1条；每3条装一个袋子，还是缺1条；每4条、5条、6条、7条装，都统统缺一条。渔夫感到非常苦恼，他苦恼不仅仅是因为鱼无论怎么分都分不好，更糟糕的是他觉得总是少一条鱼非常不吉利。于是，他决定这个丰产的季节不再出海。渔夫的妻子见丈夫如此迷信，便偷偷到市场上买了1条鱼放到丈夫打的鱼堆中，然后要求丈夫再分一遍。这次，无论渔夫按照每个袋子放2条、3条……还是7条，都能恰好把鱼分完，他第二天一早便高高兴兴地出海了。你知道渔夫原本打了多少鱼吗？

④橘子丰收的季节，学校组织同学们到橘园采摘。橘园里大约有2000棵橘树。但是，同学们无论两两数、三三数、五五数还是七七数都余1棵，大家感到很奇怪，你能很快地算出这个橘园一共有多少棵橘树吗？

⑤一个人出生于公历1978年1月1日，当天是个周日，那么在他过22岁生日那天是周几？

⑥有一个奇怪的三位数，减去7后正好被7除尽；减去8后正好被8除尽；减去9后正好被9除尽。你猜猜这个三位数是多少？

⑦星期天，花花家来了很多客人。花花就把自己的棉花糖拿出来给大家分享。如果每人分 5 颗还少 3 颗，如果每人分 4 颗就还剩 3 颗。你知道花花家来了多少个客人，自己有多少颗糖吗？

⑧现有一些物品，不清楚它们的数量。两个两个地数，剩 1 个；五个五个地数，剩 2 个；七个七个地数，剩 3 个；九个九个地数，剩 4 个。问这些物品的总数。

⑨现有一些物品，不清楚它们的数量。七个七个地数，剩 2 个；八个八个地数，剩 2 个；九个九个地数，剩 3 个。问这些物品的总数。

⑩现有若干只鸡、兔被关在同一个笼子里。上有 35 个头，下有 94 只脚。问鸡、兔各有多少只？

答案：

①以"角"作单位：

红笔数量：（280 − 11 × 16）÷（19 − 11）= 13 支

蓝笔数量：16 − 13 = 3 支

因此，李老师买了 13 支红笔，3 支蓝笔。

②我们把这份稿件平均分成 30 份（30 是 6 和 10 的最小公倍数），甲每小时打 30 ÷ 6 = 5 份，乙每小时打 30 ÷ 10 = 3 份。

根据前面的公式，

甲打字用时：（30 − 3 × 7）÷（5 − 3）= 4.5 小时

乙打字用时：7 − 4.5 = 2.5 小时

因此，这道题的答案是 4.5 小时。

③首先计算 2、3、4、5、6、7 的最小公倍数，这几个数的最小公倍数是 420，当总鱼数是 420 时，无论每个袋子分 2 条、3 条……还是 7 条，都能够恰好分尽，但实际情况是，无论怎么分都缺一条，用 420 − 1 = 419 条。

④有了上面一道题目做铺垫，你应该能够很快算出答案。首先，计算 2、3、5、7 的最小公倍数，2 × 3 × 5 × 7 = 210，因为橘园里有大约 2000 棵橘树，因此，210 × 10 = 2100。又因为无论怎样数总是剩余 1 棵，所以，2100 + 1 = 2101 棵。

⑤1978 年出生，22 岁时应该是 2000 年。这 22 年中有 5 个闰年，即 1980 年、1984 年、1988 年、1992 年、1996 年。因为一年通常是 365 天，

所以这 22 年间一共有 $365 \times 22 + 5 = 8035$ 天。因为一周有 7 天，所以 $8035 \div 7 = 1147$ 周……6 天。因为出生那天是星期日，所以，22 岁生日那天应该是星期六。

⑥一个数减去 7 刚好被 7 除尽，那它不就是能被 7 整除嘛；一个数减去 8 刚好能被 8 除尽，那它不也就是能被 8 整除嘛；一个数减去 9 能被 9 整除，依然同理，它必须得是 9 的整数倍。所以，若想求能同时被 7、8、9 整除的数，只要求这三个数的公倍数就可以了。对于这道题目，我们只要求出最小公倍数即可。所以 $7 \times 8 \times 9 = 504$。

⑦先将本题的 4 个已知量如图排写出来：

$$\begin{matrix} 5 & 4 \\ 3 & 3 \end{matrix}$$

求客人的数量，相当于求份数，"求份数：下和除以上差"，$(3 + 3) \div (5 - 4) = 6$ 人。

求糖的数量，相当于求总数，"求总数：交叉相乘，积求和，除以上差"，$(5 \times 3 + 4 \times 3) \div (5 - 4) = 27$ 颗。

因此，花花家一共来了 6 个客人，她有 27 颗棉花糖。

⑧解答：

这道题目，我们画图来表示我们的思路：

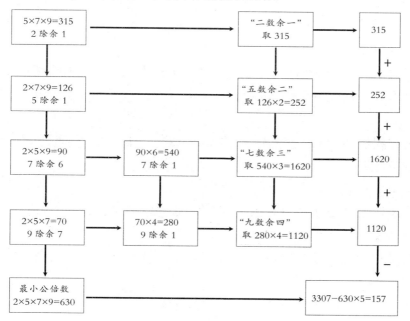

因此，这些物品的总数是 157。

⑨刚才，我们做了关于 2、5、7、9 的"物不知数"题。现在我们来做一道有关其他数字的题目。其实，不论数字如何变化和组合，解题的思路和方法都是一致的。对于这道题目：

"七数剩一"的数是：$8 \times 9 = 72$，$72 \div 7 = 10 \cdots\cdots 2$，不符合要求；$72 \times 4 = 288$，$288 \div 7 = 41 \cdots\cdots 1$，符合要求。所以，"七数剩一"的数是 288。

求"八数剩二"先求"八数剩一"的数：$7 \times 9 = 63$，$63 \div 8 = 7 \cdots\cdots 7$，不符合要求；$63 \times 7 = 441$，$441 \div 8 = 55 \cdots\cdots 1$，符合要求。所以，"八数剩一"的数是 441，"八数剩二"的数是 $441 \times 2 = 882$。

求"九数剩三"先求"九数剩一"的数：$7 \times 8 = 56$，$56 \div 9 = 6 \cdots\cdots 2$，不符合要求；$56 \times 5 = 280$，$280 \div 9 = 31 \cdots\cdots 1$，符合要求。所以，"九数剩一"的数是 280，"九数剩三"的数是 $280 \times 3 = 840$。

7、8、9 的最小公倍数是 $7 \times 8 \times 9 = 504$。

"本总数"的最小值是 $288 + 882 + 840 - 504 \times 3 = 498$。

因此，这些物品的总数是 498。

⑩如果假设 35 只都是兔子，那么就有 4×35 只脚，比 94 只脚多：
$35 \times 4 - 94 = 46$ 只

因为每只鸡比兔子少 $(4-2)$ 只脚，所以共有鸡：
$(35 \times 4 - 94) \div (4-2) = 23$ 只

说明我们设想的 35 只"兔子"中有 23 只不是兔子，而是鸡。因此兔子的真正数目是 $35 - 23 = 12$ 只。

当然，我们也可以设想 35 只都是"鸡"，那么共有脚 $2 \times 35 = 70$（只），比 94 只脚少：
$94 - 70 = 24$ 只

每只鸡比每只兔子少 $(4-2)$ 只脚，所以共有兔子：
$(94 - 2 \times 35) \div (4-2) = 12$ 只

说明设想中的"鸡"中有 12 只不是鸡，而是兔子。鸡的真实数目是 $35 - 12 = 23$ 只。

因此，这个笼子中共有 23 只鸡，12 只兔。

第三节
分配与交易

基本规则

各类平均分配的问题及非平均分配的问题，其实都涉及比例分配。

例题解析

例1：蕾蕾家里来了5位同学。蕾蕾想用鸭梨来招待他们，可是家里只有5个鸭梨，怎么办呢？谁少分一份都不好，应该每个人都有份（蕾蕾也想尝尝鸭梨的味道）。那就只好把鸭梨切开了，可是又不好切成碎块，蕾蕾希望每个鸭梨最多切成3块。于是，这就面临一个难题：给6个人平均分配5个鸭梨，任何一个鸭梨都不能切成3块以上。蕾蕾想了一会儿就把问题解决了。你知道她是怎么分的吗？

鸭梨是这样分的：先把3个鸭梨各切成两半，把这6个半块分给每人1块。另两个鸭梨每个切成3等块，这6个$\frac{1}{3}$块也分给每人1块。于是，每个人都得到了一个半块和一个$\frac{1}{3}$块，也就是说，6个人都平均分配到了鸭梨，而且每个鸭梨都没有被切得多于3块。

例2：7个满杯的果汁、7个半杯的果汁和7个空杯，平均分给3个人，该怎么分？

把4个半杯的果汁倒成2满杯果汁，这样，满杯的果汁有9个，半杯的有3个，空杯子有9个，3个人就容易平分了。

例3：三种鸡一共吃掉1001粒粟。已知小鸡每吃1粒，母鸡吃2粒，公鸡吃4粒。粟主要求鸡主赔偿损失。三种鸡的主人各应偿还多少粟？

三鸡主应根据三种鸡所吃粟的比例赔偿粟主，根据已知，三种鸡吃粟的比例为1：2：4，则三鸡主应偿还粟的数量分别是：

小鸡主人：1001÷7＝143粒。

母鸡主人：143×2＝286粒。

公鸡主人：143×4＝572粒。

例4：顾客拿了一张百元钞票到商店买了25元的商品，老板由于手头没有零钱，便拿这张百元钞票到朋友那里换了100元零钱，并找了顾客75元零钱。

顾客拿着25元的商品和75元零钱走了。过了一会儿，朋友找到商店老板，说他刚才拿来换零钱的百元钞票是假钞。商店老板仔细一看，果然是假钞，只好又拿了一张真的百元钞票给朋友。

你知道，在整个过程中，商店老板一共损失了多少财物吗？

老板与朋友换钱时，用100元假币换了100元真币，此过程中，老板没有损失，而朋友亏损了100元。

老板与持假钞者在交易时：100元＝75元＋25元的货物，其中100元为兑换后的真币，所以这个过程中老板没有损失。

朋友发现兑换的为假币后找老板退回时，用自己手中的100元假币换回了100元真币，这个过程老板亏损了100元。

所以，整个过程中，商店老板损失了100元。

强化练习

①小英和同学共12个人去野外郊游。一路上玩儿得不亦乐乎。中午时分，他们在一个农家院共进午餐，厨师特别为他们制作了美味的特色烤饼。可是等菜一上桌，大家都愣了，烤饼只有7张，可是他们一共有12个人，这可怎么分呢？大家皱着眉头想了半天，小英这时突然一拍脑门儿，拿过一把刀在饼上切了几下，每一张饼上最多用了3刀，就把饼均匀地分成了12份儿。你知道小英是怎么分的吗？

②阿美、宝宝、小鹅和大新有机会得到一块免费的大蛋糕，4个人

高兴得不得了。但是送给他们蛋糕的面包店老板却提出了一个苛刻的要求：他们只能切3刀，就要分出8块蛋糕，否则，就不能免费送给他们。这下可把阿美他们难住了，3刀一般都只能切出6块蛋糕啊，8块到底要怎么切呢？聪明的你赶紧来替他们想想办法吧，究竟怎么切3刀才能切出8块蛋糕呢？

③一位老财主生有4个儿子。他临死前，除了一块正方形的土地，什么都没有留下，土地上面有4棵每年都会结果的苹果树，树与树之间的距离是相等的，从土地的中心到一边排成一排。老财主把这个难题交给4个儿子，要求儿子们把土地和果树平均分配，可是没有一个儿子能解答。你知道该怎么分吗？

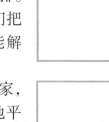

④在一块正方形的土地上，住了4户人家，刚好这块土地上有4口池塘。怎样才能把土地平均分给4户人家，而且每一户人家都有一口池塘？

⑤一个拥有24匹马的商人给3个儿子留下"传给长子 $\frac{1}{2}$，传给次子 $\frac{1}{3}$，传给幼子 $\frac{1}{8}$"的遗言

后就死了。但是，在这一天有1匹马也死掉了。这23匹马用2、3、8都无法除开，总不能把一匹马分成两半吧？这真是个难题。你知道应该怎样解决吗？

⑥一位老婆婆靠卖蛋为生。她每天卖鸡蛋、鸭蛋各30个，其中鸡蛋每3个卖1元钱，鸭蛋每2个卖1元钱，这样一天可以卖得25元钱。忽然有一天，有一位路人告诉她把鸡蛋和鸭蛋混在一起每5个卖2元，可以卖得快一些。第二天，老婆婆就尝试着这样做，结果却只得到了24元。老婆婆很纳闷，蛋没少怎么钱少了1块，这1元钱去哪里了呢？

⑦酒吧为了促销，推出"5个空酒瓶换1瓶啤酒"的活动，一天营业结束后老板清点出161个空酒瓶，请问，这天他至少卖了多少瓶啤酒？

⑧某百货商城新进了一批最新款式的服装，很受欢迎，销量与日看涨。于是，该商城的总经理决定提价10%。不久，服装开始滞销，他们又打出了降价10%的广告。有人说百货商城实际上瞎折腾，不过是又回

到原价位；有人说百货商城不会干赔钱的事；也有人说百货商城自作聪明，实际赔了钱。你说呢？

⑨有一个农夫用一个大桶装了 12 千克油到市场上去卖，恰巧市场上两个家庭主妇分别只带了能装 5 千克和 9 千克的两个小桶，但她们买走了 6 千克的油，其中拿着 9 千克桶的家庭主妇买了 1 千克，那个拿着 5 千克桶的主妇买了 5 千克，更为惊奇的是她们之间的交易没有使用任何计量的工具。你知道她们是怎么分的吗？

⑩金老板月底查账，发现现金收入比账本上的数额少了 14535 元，这可不是笔小数目啊！金老板很清楚，这个月该收的现款都已到账，所以一定是账本在书写上出了错，于是金老板又详细核对了一遍账本，发现原来是有一个数据忘点小数点了。金老板该如何才能在上百个账目中找出错误的那个呢？（已知金老板的账目数据精确到小数点后一位）

答案：

①3 张饼分别被切分了 4 块，4 张饼分别被切分了 3 块。

②先从上面用十字的方法切 2 刀，这样就有了 4 块蛋糕，然后在蛋糕的腰部横着切一刀，这样正好就是 8 块蛋糕了。

③ 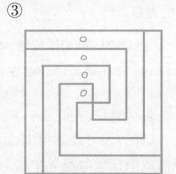　　　④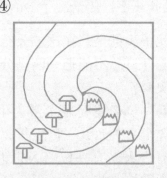

⑤解决的办法当然不是把 23 匹马卖掉，换成现金后再分配。而是，假设还有 24 匹马。在这 24 匹马中，长子得到 $\frac{1}{2}$ 即 12 匹马；次子得到 $\frac{1}{3}$ 即 8 匹马；幼子得到 $\frac{1}{8}$ 即 3 匹马。不偏不倚，按照遗嘱分完后，三人分到的马加起来正好是 23 匹。如果拘泥于"遗产全部瓜分"的思维方式，这道题就解不出来。

⑥原来 1 只鸡蛋可卖得 $\frac{1}{3}$ 元，1 只鸭蛋可以卖得 $\frac{1}{2}$ 元，平均价格是每只 $\left(\frac{1}{2}+\frac{1}{3}\right)\div2=\frac{5}{12}$ 元。但是混卖之后平均 1 只鸭蛋或者鸡蛋都卖得 $\frac{2}{5}$ 元钱，比第一天的平均价格少了 $\frac{5}{12}-\frac{2}{5}=\frac{1}{60}$ 元。60 只蛋正好少了一元钱。

⑦$161\div5=32\cdots\cdots1$，$161-32=129$ 瓶啤酒，所以这一天他应该至少卖出 129 瓶啤酒。可以检验一下：卖出 129 瓶，其中的 125 瓶要送 25 瓶，这 25 瓶被喝光后又要送 5 瓶，这 5 瓶又要送 1 瓶，这 1 瓶喝光后加上一开始余下来的 4 个空瓶又要送 1 瓶，这样总共产生了：$129+25+5+1+1=161$ 个空啤酒瓶。

⑧如果原价为 100%，商城降价是按涨价后的 110% 降的价，降价后的价格为 $110\%\times0.9=99\%$。

⑨首先用 5 千克的桶量出 5 千克油并倒入 9 千克的桶中，再从大桶里倒出 5 千克油到 5 千克的桶里，然后用 5 千克桶里的油将 9 千克的桶灌满。现在，大桶里有 2 千克油，9 千克的桶已装满，5 千克的桶里有 1 千克油。

再将 9 千克桶里的油全部倒回大桶里，大桶里有 11 千克油。把 5 千克桶里的 1 千克油倒进 9 千克桶里，这样，拿 9 千克桶的主妇便买到了 1 千克油；再从大桶里倒出 5 千克油装满 5 千克的桶，这样，拿 5 千克桶的主妇便买到了 5 千克油。

⑩一笔账目加上小数点后变为原来的 $\frac{1}{10}$，因此错误款项（未加小数点的）与正确款项（加上小数点的）之间的差额应该相当于前者的 $\frac{9}{10}$，$14535\div\frac{9}{10}=16150$ 元，所以，错误的款项数据是 16150 元。在这个数据个位之前加上小数点便可以得到正确的数据 1615.0 元。

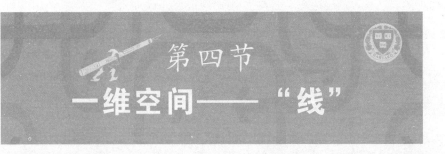

第四节
一维空间——"线"

基本规则

在解题时，为了让题目变得形象易懂，我们可以把已知条件转化成图像来考虑它们之间的关系，即使这些已知条件是有关数量、时间、重量的。

例题解析

例1：小辛在数学期末考试中碰上一道难题，已知，他刚看到这道难题时考试时间刚好过去了一半，当他把这道难题解答完再看表时，发现距离考试结束只剩下他解这道难题所花时间的一半了，你能推算出小辛做这道难题的时间占全部考试时间的几分之几吗？

首先，你可以在头脑中，或者用笔在纸上画一条线段，代表整场考试的时间。因为开始解答难题时考试时间刚好过去了一半，所以，可以将这条线段分成两段，后半段表示解答难题及这道难题解答完毕后的时间。

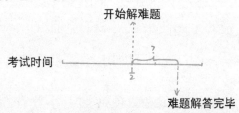

因为难题解答完毕后发现距离考试结束只剩下解答难题所花时间的一半，因此，可以把后半条线段再分成 3 份，解答难题所用的时间占了其中的 2 份，也就相当于占了后半个 $\frac{1}{2}$ 的 $\frac{2}{3}$，$\frac{1}{2} \times \frac{2}{3} = \frac{1}{3}$。因此，小辛解答难题用去的时间是整场考试时间的 $\frac{1}{3}$。

例2：科学家在野外发现一种昆虫，这种昆虫的胸部重1克，头部的重量是胸与腹重量的和，腹重等于头和胸重量之和的一半。你能算出这种昆虫的体重吗？

昆虫的体重是由头、胸、腹三部分的重量构成的，因为头部的重量是胸与腹重量的和，因此，你可以画一条线段并将它等分，前半部分表示头重，后半部分表示胸与腹的重量。又因为腹重等于头和胸重量之和的一半，因此，你可以再将这条线段分成三份，前两份代表头与胸的重量，后一份代表腹部的重量。由上，我们可以看出：昆虫头部的重量占全身重量的 $\frac{1}{2}$，腹部的重量占全身重量的 $\frac{1}{3}$，因此胸部的重量占全身重量的 $1 - \left(\frac{1}{2} + \frac{1}{3} \right) = \frac{1}{6}$，因为胸部的重量已知，是 1 克，因此，这种昆虫的总重量是 6 克。

强化练习。

①埃及金字塔是世界七大奇迹之一，其中最高的是胡夫金字塔，它的神秘和壮观倾倒了无数人。它的底边长 230.6 米，由 230 万块重达 2.5 吨的巨石堆砌而成。金字塔塔身是斜的，即使有人爬到塔顶上去，也无法测量其高度。后来有一个数学家解决了这个难题，你知道他是怎么做的吗？

②有 3 根木棒，分别长 3 厘米、5 厘米、12 厘米，在不折断任何一根木棒的情况下，你能够用这 3 根木棒摆成一个三角形吗？

③有 4 根 10 厘米长的木棍和 4 根 5 厘米长的木棍，你能用它们摆成 3 个面积相等的正方形吗？

④如图，A 点是圆心，长方形的一顶点 C 在圆上。AB 的延长线与圆交于 E 点。已知 BE = 3 厘米，BD = 6.5 厘米，求圆的直径。

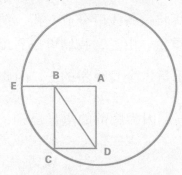

⑤如下图所示，一共有 9 颗冰糖葫芦，把 3 颗冰糖葫芦串成一串，可以串成 8 串。现在只需要移动 2 颗冰糖葫芦，就可以串成 10 串，但还是 3 颗冰糖葫芦串在一起。一共有几种串法？

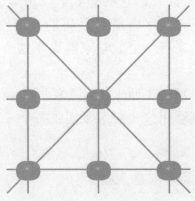

⑥在一个直径为 100 米的圆形场地上，新建了一座长方形的游泳馆，它的长为 80 米。馆内修了一座菱形的游泳池，菱形的游泳池的各

顶点刚好在长方形的游泳馆各边的中点上。你能快速算出游泳池的泳道有多长吗?

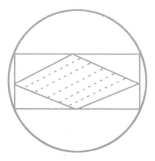

⑦半径为 4 厘米的小圆环围绕半径为 6 厘米的大圆环运动,大圆环是固定不动的,问小圆环围绕大圆环运行 2 周之后,小圆环绕自己的中心滚动了几周?

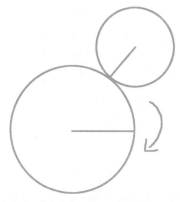

⑧如图,大圆中有 4 个大小不同的小圆 A、B、C、D,小圆两两外切,且 4 个小圆的圆心都在大圆的一条直径上,A 圆和 D 圆与大圆内切。请问,4 个小圆的周长之和与大圆的周长比较,哪个长?

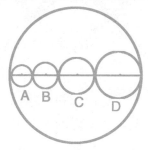

⑨一位刚毕业的大学生到一家大型餐厅应聘主管。主考官出了这样一道题来考他：请在正方形的餐桌周围摆上 10 把椅子，使桌子每一面的椅子数都相等。应聘者想了很久都没有想出来，你能帮帮他吗？

⑩有一位将军特别善于调配士兵，一次他带了 360 名士兵守一座小城池。他把 360 个士兵分派在城的四面，每面城墙上有 100 名士兵。战斗打得好激烈，不断地有士兵阵亡，每减少 20 人，将军便将守城的士兵重排了一下，使敌人看到每面城墙上依然有 100 名士兵。士兵的人数已降为 220 人了，四面城墙上仍有 100 名士兵。敌人见守城的士兵丝毫没有减少，以为有大量的后备军，便撤军了。你知道将军是怎样巧妙布置士兵的吗？

答案：

①挑一个好天气，从中午一直等到下午，当太阳的光线给每个人和金字塔投下阴影时，就开始行动。在测量者的影子和身高相等的时候，测量出金字塔阴影的长度，这就是金字塔的高度，因为测量者的影子和身高相等的时候，太阳光正好是以 45°角射向地面。

②很简单，完全可以摆成一个三角形。题目并没有要求 3 根木棒必须首尾相接。

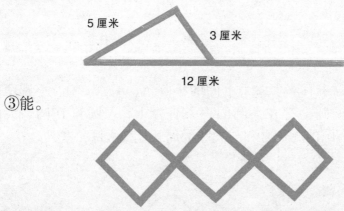

5 厘米　　3 厘米　　12 厘米

③能。

④13cm。

也许你正试图进行复杂的几何运算，去求 AB 为多少，然后用 BE + AB = EA，得出圆的半径吧。如果真的是这样的话，说明你不细心，没认真分析问题。这道题很简单，只要连接 AC，就可知 AC = BD = 6.5 厘米，AC 就是圆的半径。2 倍的 AC 就是圆的直径，所以为 13 厘米。口算也行，根本不用那么复杂。

⑤3 种。

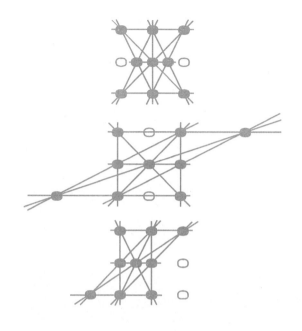

⑥50 米。

泳道的长度刚好等于圆形场地的半径，用图解析立即可知。

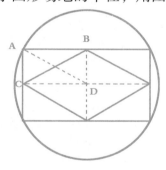

⑦3 周。

解答这道题，要用大圆环周长的 2 倍除以小圆环的周长，其实也就等于用大圆环半径的 2 倍除以小圆环的半径，6×2÷4＝3 周。

⑧一样长。

圆的周长是直径与圆周率的乘积，而 4 个小圆的直径之和刚好等于大圆的直径，圆周率是一定的，所以两者当然相等。

⑨桌椅摆放方式如图所示：

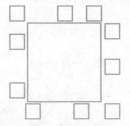

⑩士兵排布方法，如图所示：

360:

10	80	10
80		80
10	80	10

340:

20	70	10
70		70
10	70	20

320:

20	60	20
60		60
20	60	20

300:

20	50	30
50		50
30	50	20

280:

30	40	30
40		40
30	40	30

260:

40	30	30
30		30
30	30	40

240:

40	20	40
20		20
40	20	40

220:

50	10	40
10		10
40	10	50

第五节
二维空间——"面"

基本规则

平面图形面积的解题技巧在于理清关系，逻辑推理。

例题解析

例1： 一位在南美洲淘金的老财主不仅淘到了大量的金子，而且淘到了许多钻石。为了向别人炫耀自己的富有，他决定用自己淘到的钻石镶一个世界上绝无仅有的无价之宝。他决定，第一天从保险柜里取出一颗钻石；第二天，取出6颗钻石，镶在第一天那一颗钻石的周围；第三天，在其（如右图）外围再镶一圈钻石，变成了两圈。每过一天，就多了一圈。这样做7天以后，镶成了一个巨大的钻石群。请问，这块无价之宝一共有多少颗钻石？

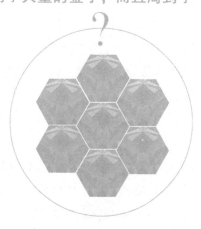

开始时只有1颗，第二天增加了6颗，第三天又增加了12颗，第四天又增加了18颗……计算七天的总数，公式为：$1+6+12+18+24+30+36=127$ 颗。

因此，这块无价之宝由127颗钻石构成。

例2： 一个标准足球通常是由12块正五边形的黑皮子和若干块正六边形的白皮子拼接而成的。你能够计算出白皮子的块数吗？

首先，观察一个足球上的黑皮子，你会发现任何一块黑皮子的任何一条边都与白皮子拼接在一起，而且不同的边拼接着不同的白皮子。12块正五边形的黑皮子有60条边，因此，在一个足球上就有60条黑白相接的边。

再观察正六边形的白皮子，白皮子是正六边形，任何一块白皮子的6条边中，都有3条与黑色皮子拼接，3条与其他白色皮子拼接。现在总共有60条黑白相接的边，因此，一个足球上白皮子的数量是：$60 \div 3 = 20$块。

例3：如图所示，用41块咖啡色和白色相间的地板砖可摆成对角线各为9块地板砖的图形。如果要摆成一个类似的图形，使对角线有19块地板砖，总共需要多少块地板砖？

可以先试某些小一点的数目。比如这样的图形当对角线是3块的时候，一共需要5块地板砖；对角线是5块的时候需要13块；对角线是7块的时候需要25块；对角线是9块的时候需要41块……上列数目依次是5、13、25、41……考虑一下每一次增加了多少块，找到什么样的规律，然后用笔简单地排出一个数列，就可以知道对角线是19块的时候需要181块地板砖。

因此，铺这块地一共需要181块地板砖。

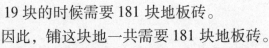

强化练习

①下图中有一个正方形水池，水池的4个角上栽着4棵树。现在要把水池扩大，使它的面积增加一倍，但要求仍然保持正方形，而且不移动树的位置。你有什么好办法吗？

②美国的一个魔术师发现这样一个奇怪的现象：一个正方形被分割成几小块后，重新组合成一个同样大小的正方形时，它的中间却有个洞！

他把一张方格纸贴在纸板上，按图1画上正方形，然后沿图示的直线切成5小块。当他照图2的样子把这些小块拼成正方形的时候，中间真的出现了一个洞！

图1的正方形是由49个小正方形组成的，图2的正方形却只有48个小正方形。究竟出了什么问题？那个小正方形到底到哪儿去了？

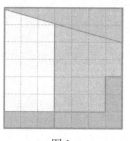 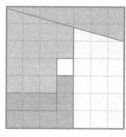

图1   图2

③在一间边长为4米的正方形房间里铺着一块三角形地毯。请问，这块地毯的面积是多少？

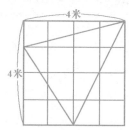

④在一个正三角形中内接一个圆，圆内又内接一个正三角形。请问：外面的大三角形和里面的小三角形的面积比是多少？

⑤用两根火柴将9根火柴所组成的正三角形分为两部分。请问 A 和 B 两个图形哪一个面积比较大？

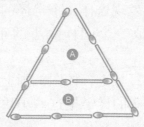

⑥将两个正三角形重叠做出一个星形，在重叠的图形中再做一个小星形，即阴影部分。大星形的面积为 20 米^2，那么小星形的面积是多少？

⑦有两个一样大的正方形，一个正方形内有一个内切圆，另一个正方形分成了 4 个完全相同的小正方形，每个小正方形内有一个内切小圆。请问：4 个小圆的面积之和与大圆的面积哪个大？

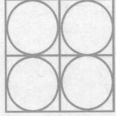 

⑧有一个边长为 10 厘米的正方形。在里面画一个内接圆，在圆内再画一个正方形。请问，小正方形的面积为多少？

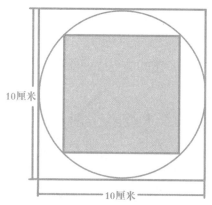

⑨这是一道经典的几何分割问题。

请将这个图形分成四等份，并且每等份都必须是现在图形的缩小版。

⑩你能将下面6个图形分别分成4个形状、大小完全一样的且与原图形相似的小图形吗？

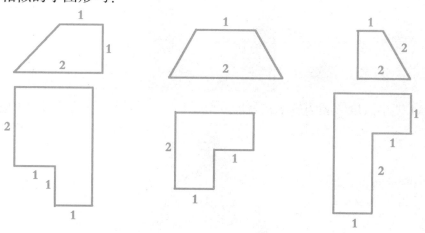

①水池扩建的方法如下图所示：

②5 小块图形中最大的两块对换了一下位置之后，被那条对角线切开的每个小正方形都变得高比宽大了一点点。这意味着这个大正方形不再是严格的正方形。它的高增加了，从而使得面积增加，所增加的面积恰好等于那个方洞的面积。

③首先求出地毯之外的面积，再用房间的面积减去这部分面积即可。

A 是 2 平方米；B 是 3 平方米；C 是 4 平方米，房间面积为 16 平方米。16 –（2 + 3 + 4）= 7 平方米。

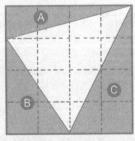

④把小三角形颠倒过来，就能立刻看出大三角形是小三角形的 4 倍。

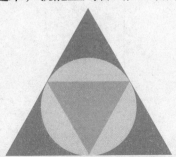

⑤B 的面积比较大。

先多用几支火柴棒把图形细分成小等边三角形。可以看到，图形 A 中有 4 个小三角形，而在图形 B 中却有 5 个小三角形。

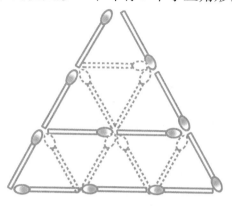

⑥5 米^2。

解这道题可借助辅助线。如图，将大星形分成 12 个正三角形，中间部分的正六边形面积是总面积的一半；小星形则分成了 6 个菱形，面积是正六边形的一半。

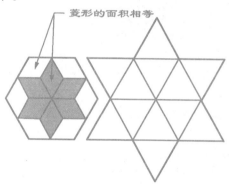

⑦一样大。

以小圆的半径为 r，4 个小圆面积为 $4\pi r^2$，大圆的面积为 $\pi(2r)^2$，也就是 $4\pi r^2$。

⑧50 厘米^2。

这个题目不止有一种解法。可以把正方形转 90 度，面积就会变成原正方形的一半；或者利用小正方形对角线的长来计算小正方形的面积。

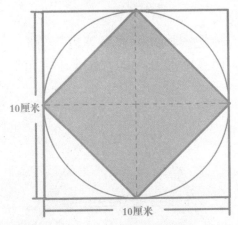

⑨分割方法如下图所示：

⑩分割方法如下图所示：

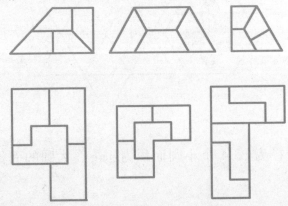

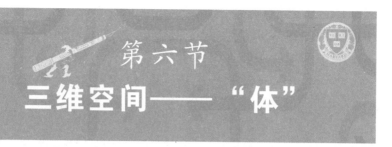

第六节
三维空间——"体"

基本规则

在处理几何问题时，考虑面与面之间的关系，可以将其简化。

例题解析

例 1：如果挖 1 米长、1 米宽、1 米深的池子需要 12 个人干 2 小时。那么 6 个人挖一个长、宽、深是它两倍的池子需要多少时间？

这个池子的容积是第一个池子的 8 倍，12 个人来挖需要的时间是原来的 8 倍，6 个人来挖就需要原来的 16 倍。

因此，需要 32 小时。

例 2：一家工厂 4 名工人每天工作 4 小时，每 4 天可以生产 4 架模型飞机，那么 8 名工人每天工作 8 小时，8 天能生产几架模型飞机呢？

可以这样计算：4 人工作 4×4 小时生产 4 架模型飞机，所以，1 人工作 4×4 小时生产 1 架模型飞机，这样每人工作 1 小时就生产 $\frac{1}{16}$ 架模型飞机。

8 人每天工作 8 小时，一共工作 8 天，生产的模型飞机数目就是 $8 \times 8 \times 8 \times \frac{1}{16} = 32$ 架。

因此，正确的答案是 32 架。

强化练习

①同一种图案不可能在两个以上的立方体表面上同时出现。看一看，下面哪个图不属于同一个立方体？

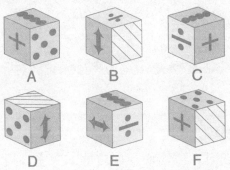

②有一个立方体（如下图），所有的面都是蓝色。请问：有几个小立方体一面是蓝色？有几个小立方体两面是蓝色？有几个小立方体三面是蓝色？有几个小立方体四面是蓝色？有几个立方体所有的面都没有蓝色？

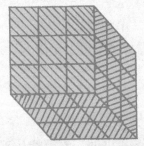

③下图中所有的方块尺寸相同，在不移动图中已有的方块的前提下，还需多少块方块才能构成一个立方体？

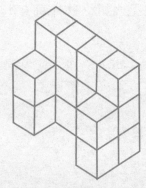

④一块砖（如图），你能用一根米尺量出对角线 AB 的长度吗？

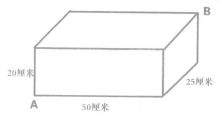

⑤一个正方体，如图切去一个面的四个角。现在这个物体有多少个角？多少个面？多少条棱？

⑥请在下列 4 个图形中找出一个与左图相符（旋转一定角度或方向）的图形。

A　　　　B　　　　C　　　　D

⑦5 只鸡 5 天一共生 5 个蛋，50 天需要 50 个蛋，需要多少只鸡？

⑧一块石料，底面边长 3 米，高 3 米。若用这块石料做棱长为 50 厘米的立方体石块，可以做多少块？

⑨下图是一个魔方从两个方向看的视图效果，这个魔方的 6 个面上各写着 A～F 不同的字母。请问，C 的对面是哪个字母？

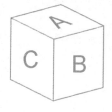 

⑩色子"三点"对的是几点？

①D 图不属于同一个立方体。

②6 个小立方体一面是蓝色；12 个小立方体两面是蓝色；8 个小立方体三面是蓝色；没有小立方体四面是蓝色；1 个立方体所有的面都没有蓝色。

③需要的方块个数：

$4 \times 4 \times 4 - 16 = 48$ 个

④从 B 点垂直支一根和砖块高度相等的木棍子，只需要用尺量 DC 的距离就行了。

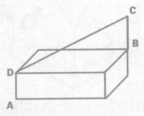

⑤12 个角、10 个面和 20 条棱。

⑥与左图相符的图形是：A

⑦仍然是 5 只鸡。

⑧正方体体积 = 棱长^3

首先，计算石料的体积：棱长 3 米的三次方，等于 27 立方米。

接下来，计算每块石块的体积：棱长 0.5 米的三次方，等于 0.125 立方米。

那么，$27 \div 0.125 = 216$ 块石块。

⑨答案为 D。

可以画一个展开图来帮你快速解答。

⑩四点。

第九章

估算与检验

数学是科学的女王，算术是数学的女王。虽然她常屈尊
为天文学与其他自然科学效劳，但在一切情况下她总占据着
那个最高的位置。

——卡尔·高斯

第一节
含 33 或 34 的乘法

基本规则

①将另一个乘数除以3。
②第一步的得数乘以100。

例题解析

例 1：估算 12 × 33

第一步，12 除以 3：

$12 ÷ 3 = 4$

第二步，4 乘以 100：

$4 × 100 = 400$

最终答案：约等于 400

例 2：估算 21 × 34

第一步，21 除以 3：

$21 ÷ 3 = 7$

第二步，7 乘以 100：

$7 × 100 = 700$

最终答案：约等于 700

例 3：估算 36 × 33

第一步，36 除以 3：

$36 \div 3 = 12$

第二步，12 乘以 100：

$12 \times 100 = 1200$

最终答案：约等于 1200

例 4：估算 27×34

第一步，27 除以 3：

$27 \div 3 = 9$

第二步，9 乘以 100：

$9 \times 100 = 900$

最终答案：约等于 900

强化练习

① $24 \times 33 \approx$　　　　② $18 \times 34 \approx$

③ $42 \times 33 \approx$　　　　④ $39 \times 34 \approx$

⑤ $66 \times 33 \approx$　　　　⑥ $75 \times 34 \approx$

⑦ $27 \times 34 \approx$　　　　⑧ $51 \times 33 \approx$

⑨ $48 \times 33 \approx$　　　　⑩ $96 \times 34 \approx$

答案：

① 约等于 800　② 约等于 600　③ 约等于 1400　④ 约等于 1300　⑤ 约等于 2200　⑥ 约等于 2500　⑦ 约等于 900　⑧ 约等于 1700　⑨ 约等于 1600　⑩ 约等于 3200

第二节
含 49 或 51 的乘法

基本规则

①将另一个乘数除以2。
②第一步的得数乘以100。

例题解析

例1：估算 14×49

　　第一步，14 除以 2：

　　$14 \div 2 = 7$

　　第二步，7 乘以 100：

　　$7 \times 100 = 700$

　　最终答案：约等于 700

例2：估算 26×51

　　第一步，26 除以 2：

　　$26 \div 2 = 13$

　　第二步，13 乘以 100：

　　$13 \times 100 = 1300$

　　最终答案：约等于 1300

例3：估算 44×49

　　第一步，44 除以 2：

$44 \div 2 = 22$

第二步，22 乘以 100：

$22 \times 100 = 2200$

最终答案：约等于 2200

例 4：估算 216×51

第一步，216 除以 2：

$216 \div 2 = 108$

第二步，108 乘以 100：

$108 \times 100 = 10800$

最终答案：约等于 10800

强化练习

① $32 \times 49 \approx$　　　　② $18 \times 51 \approx$

③ $56 \times 49 \approx$　　　　④ $44 \times 51 \approx$

⑤ $72 \times 49 \approx$　　　　⑥ $94 \times 51 \approx$

⑦ $88 \times 49 \approx$　　　　⑧ $122 \times 51 \approx$

⑨ $222 \times 49 \approx$　　　⑩ $364 \times 51 \approx$

答案：

① 约等于 1600　② 约等于 900　③ 约等于 2800

④ 约等于 2200　⑤ 约等于 3600　⑥ 约等于 4700　⑦ 约等于 4400

⑧ 约等于 6100　⑨ 约等于 11100　⑩ 约等于 18200

第三节
含 66 或 67 的乘法

基本规则

①将另一个乘数乘以 $\frac{2}{3}$。

②第一步的得数乘以 100。

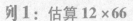

例题解析

列1：估算 12×66

第一步，12 乘以 $\frac{2}{3}$：

$$12 \times \frac{2}{3} = 8$$

第二步，8 乘以 100：

$$8 \times 100 = 800$$

最终答案：约等于 800

列2：估算 9×67

第一步，9 乘以 $\frac{2}{3}$：

$$9 \times \frac{2}{3} = 6$$

第二步，6 乘以 100：

$$6 \times 100 = 600$$

最终答案：约等于600

例3：估算 27×66

第一步，27 乘以 $\frac{2}{3}$：

$$27 \times \frac{2}{3} = 18$$

第二步，18 乘以 100：
$$18 \times 100 = 1800$$
最终答案：约等于1800

例4：估算 120×67

第一步，120 乘以 $\frac{2}{3}$：

$$120 \times \frac{2}{3} = 80$$

第二步，80 乘以 100：
$$80 \times 100 = 8000$$

最终答案：约等于8000

强化练习

① $18 \times 66 \approx$ ② $27 \times 67 \approx$

③ $42 \times 66 \approx$ ④ $39 \times 67 \approx$

⑤ $75 \times 66 \approx$ ⑥ $21 \times 67 \approx$

⑦ $240 \times 66 \approx$ ⑧ $252 \times 67 \approx$

⑨ $93 \times 66 \approx$ ⑩ $150 \times 67 \approx$

答案：

① 约等于1200 ② 约等于1800 ③ 约等于2800 ④ 约等于2600 ⑤ 约等于5000 ⑥ 约等于1400 ⑦ 约等于16000 ⑧ 约等于16800 ⑨ 约等于6200 ⑩ 约等于10000

第四节
除数是 33 或 34

基本规则

①用被除数除以 100。
②第一步的得数乘以 3。

例题解析

例 1：估算 $150 \div 33$

第一步，150 除以 100：

$150 \div 100 = 1.5$

第二步，1.5 乘以 3：

$1.5 \times 3 = 4.5$

最终答案：约等于 4.5

例 2：估算 $240 \div 34$

第一步，240 除以 100：

$240 \div 100 = 2.4$

第二步，2.4 乘以 3：

$2.4 \times 3 = 7.2$

最终答案：约等于 7.2

例 3：估算 $920 \div 33$

第一步，920 除以 100：

$920 \div 100 = 9.2$

第二步，9.2 乘以 3：

$9.2 \times 3 = 27.6$

最终答案：约等于 27.6

例 4：估算 $400 \div 34$

第一步，400 除以 100：

$400 \div 100 = 4$

第二步，4 乘以 3：

$4 \times 3 = 12$

最终答案：约等于 12

强化练习

① $800 \div 33 \approx$ ② $160 \div 34 \approx$

③ $220 \div 33 \approx$ ④ $700 \div 34 \approx$

⑤ $250 \div 33 \approx$ ⑥ $310 \div 34 \approx$

⑦ $525 \div 33 \approx$ ⑧ $810 \div 34 \approx$

⑨ $270 \div 33 \approx$ ⑩ $500 \div 34 \approx$

答案：

① 约等于 24   ② 约等于 4.8   ③ 约等于 6.6   ④ 约等于 21

⑤ 约等于 7.5   ⑥ 约等于 9.3   ⑦ 约等于 15.75   ⑧ 约等于 24.3

⑨ 约等于 8.1   ⑩ 约等于 15

第五节
除数是 49 或 51

基本规则

①用被除数除以 100。
②第一步的得数乘以 2。

例题解析

例 1：估算 $800 \div 49$

第一步，800 除以 100：

$800 \div 100 = 8$

第二步，8 乘以 2：

$8 \times 2 = 16$

最终答案：约等于 16

例 2：估算 $650 \div 51$

第一步，650 除以 100：

$650 \div 100 = 6.5$

第二步，6.5 乘以 2：

$6.5 \times 2 = 13$

最终答案：约等于 13

例 3：估算 $700 \div 49$

第一步，700 除以 100：

$700 \div 100 = 7$

第二步，7 乘以 2：

$7 \times 2 = 14$

最终答案：约等于 14

例 4：估算 $1200 \div 51$

第一步，1200 除以 100：

$1200 \div 100 = 12$

第二步，12 乘以 2：

$12 \times 2 = 24$

最终答案：约等于 24

强化练习

① $700 \div 49 \approx$ ② $450 \div 51 \approx$

③ $320 \div 49 \approx$ ④ $180 \div 51 \approx$

⑤ $910 \div 49 \approx$ ⑥ $270 \div 51 \approx$

⑦ $117 \div 49 \approx$ ⑧ $775 \div 51 \approx$

⑨ $350 \div 49 \approx$ ⑩ $860 \div 51 \approx$

答案：

① 约等于 14   ② 约等于 9   ③ 约等于 6.4   ④ 约等于 3.6

⑤ 约等于 18.2   ⑥ 约等于 5.4   ⑦ 约等于 2.34   ⑧ 约等于 15.5

⑨ 约等于 7   ⑩ 约等于 17.2

第六节
除数是 66 或 67

基本规则

①将被除数除以 100。
②第一步的得数乘以 1.5。

例题解析

例 1：估算 $400 \div 66$

第一步，400 除以 100：

$400 \div 100 = 4$

第二步，4 乘以 1.5：

$4 \times 1.5 = 6$

最终答案：约等于 6

例 2：估算 $120 \div 67$

第一步，120 除以 100：

$120 \div 100 = 1.2$

第二步，1.2 乘以 1.5：

$1.2 \times 1.5 = 1.8$

最终答案：约等于 1.8

例 3：估算 $200 \div 66$

第一步，200 除以 100：

$200 \div 100 = 2$

第二步，2 乘以 1.5：

$2 \times 1.5 = 3$

最终答案：约等于 3

例 4：估算 $360 \div 67$

第一步，360 除以 100：

$360 \div 100 = 3.6$

第二步，3.6 乘以 1.5：

$3.6 \times 1.5 = 5.4$

最终答案：约等于 5.4

强化练习

① $500 \div 66 \approx$ 　　　　② $800 \div 67 \approx$

③ $700 \div 66 \approx$ 　　　　④ $180 \div 67 \approx$

⑤ $2000 \div 66 \approx$ 　　　⑥ $3200 \div 67 \approx$

⑦ $420 \div 66 \approx$ 　　　　⑧ $7600 \div 67 \approx$

⑨ $1000 \div 66 \approx$ 　　　⑩ $2400 \div 67 \approx$

答案：

① 约等于 7.5　② 约等于 12　③ 约等于 10.5　④ 约等于 2.7　⑤ 约等于 30　⑥ 约等于 48　⑦ 约等于 6.3　⑧ 约等于 114　⑨ 约等于 15　⑩ 约等于 36

第七节
除数是 9

基本规则

①将被除数乘以 11。
②第一步的得数除以 100。

例题解析

例 1：估算 35 ÷ 9

第一步，35 乘以 11：

$35 \times 11 = 385$

第二步，385 除以 100：

$385 \div 100 = 3.85$

最终答案：约等于 3.85

例 2：估算 76 ÷ 9

第一步，76 乘以 11：

$76 \times 11 = 836$

第二步，836 除以 100：

$836 \div 100 = 8.36$

最终答案：约等于 8.36

例 3：估算 11 ÷ 9

第一步，11 乘以 11：

$11 \times 11 = 121$

第二步，121除以100：

$121 \div 100 = 1.21$

最终答案：约等于1.21

例 4：估算 $50 \div 9$

第一步，50乘以11：

$50 \times 11 = 550$

第二步，550除以100：

$550 \div 100 = 5.5$

最终答案：约等于5.5

例 5：估算 $65 \div 9$

第一步，65乘以11：

$65 \times 11 = 715$

第二步，715除以100：

$715 \div 100 = 7.15$

最终答案：约等于7.15

强化练习

① $51 \div 9 \approx$ ② $62 \div 9 \approx$

③ $40 \div 9 \approx$ ④ $70 \div 9 \approx$

⑤ $85 \div 9 \approx$ ⑥ $69 \div 9 \approx$

⑦ $20 \div 9 \approx$ ⑧ $33 \div 9 \approx$

⑨ $44 \div 9 \approx$ ⑩ $100 \div 9 \approx$

答案：

① 约等于5.61　② 约等于6.82　③ 约等于4.4　④ 约等于7.7　⑤ 约等于9.35　⑥ 约等于7.59　⑦ 约等于2.2　⑧ 约等于3.63　⑨ 约等于4.84　⑩ 约等于11

第八节
除数是 11

基本规则

①将被除数乘以 9。

②第一步的得数除以 100。

另外，也可以先用被除数除以 100，然后再乘以 9。

例题解析

例 1：估算 50÷11

第一步，50 乘以 9：

$50 \times 9 = 450$

第二步，450 除以 100：

$450 \div 100 = 4.5$

最终答案：约等于 4.5

例 2：估算 400÷11

第一步，400 除以 100：

$400 \div 100 = 4$

第二步，4 乘以 9：

$4 \times 9 = 36$

最终答案：约等于 36

例3：估算 $1200 \div 11$

第一步，1200 除以 100：

$1200 \div 100 = 12$

第二步，12 乘以 9：

$12 \times 9 = 108$

最终答案：约等于 108

例4：估算 $80 \div 11$

第一步，80 乘以 9：

$80 \times 9 = 720$

第二步，720 除以 100：

$720 \div 100 = 7.2$

最终答案：约等于 7.2

强化练习

① $90 \div 11 \approx$ ② $60 \div 11 \approx$

③ $200 \div 11 \approx$ ④ $700 \div 11 \approx$

⑤ $300 \div 11 \approx$ ⑥ $800 \div 11 \approx$

⑦ $130 \div 11 \approx$ ⑧ $1000 \div 11 \approx$

⑨ $140 \div 11 \approx$ ⑩ $150 \div 11 \approx$

答案：

① 约等于 8.1　② 约等于 5.4　③ 约等于 18　④ 约等于 63
⑤ 约等于 27　⑥ 约等于 72　⑦ 约等于 11.7　⑧ 约等于 90　⑨ 约等于
12.6　⑩ 约等于 13.5

第九节
数位和法

基本规则

对原数做了什么，就对它们的数位和做同样的事情，如果原式成立，那么，两个答案的数位和一定相等。

注：在所有类型的运算中，对结果进行某种形式的检验是非常重要的，而不是简单地重复计算。无论我们在做怎样的运算，包括加法、减法、乘法、除法、对一个数进行平方、获取一个数的平方根，抑或是所有这些运算的任意组合，我们都需要一种有效的检验方法。这样的方法确实存在，而且可以应用到所有这些类型的运算中。

"数位和"法也有人把它叫作"9 余数"法。怎样求一个数的数位和呢？方法如下：

1. 通过把一个数的各位相加，你就可以得到这个数的数位和。例如，5 012 这个数的数位和是 5 加 0 加 1 加 2，等于 8。

2. 如果得出的数位和不是单独的一个数字，你需要将它精简到一个数字。例如，5 012 431 的数位和是 5 加 0 加 1 加 2 加 4 加 3 加 1，等于 7（先得到 16，再把 1 和 6 相加得到 7）。

3. 在对一个数的每一位进行相加的过程中，你可以将 9 丢弃。事实上，如果你偶然注意到有两个数位相加等于 9，比如 1 和 8，你可以把它们两个都忽略。所以，我们可以一眼看出，9 099 991 的数位和是 1。

4. 因为在这个过程中，"9 不计入在内"，因此，数位和"9"与数位和"0"等同。例如，513 的数位和等于 0。如果你记住这一点，那么在特定的情况下就可以减少工作量。

例如，918 273 645 的数位和是多少？你应该在 3 秒钟左右计算出来，结果是 0。这是因为，我们忽略了前面的那个 9，然后我们忽略加起来等于 9 的数字组合，在这个例子中，在第一个 9 之后的每一对相邻的数字加起来都等于 9。所有数字都被丢弃，所以我们最后得到 0。

例题解析

例 1：检验 $92 \times 12 = 1104$

第一步，求出乘数、被乘数和积的数位和：

$92 \quad \times \quad 12 \quad = \quad 1104$

$9 + 2 = 11 \quad 1 + 2 = 3 \quad 1 + 1 + 0 + 4 = 6$

$1 + 1 = 2$

第二步，将数位和相乘：

$92 \times 12 = 1104$

$2 \times 3 \quad 6$

6

结论：数位和相等，原式成立。

例 2：检验 $121 \div 11 = 11$

$121 \quad \div \quad 11 \quad = \quad 11$

$1+2+1=4 \quad 1+1=2 \quad 1+1=2$

$4 \div 2$

2

结论：数位和相等，原式成立。

例 3：检验 $101 + 96 + 74 + 32 = 303$

$101 \quad + \quad 96 \quad + \quad 74 \quad + \quad 32 \quad = \quad 303$

$1+0+1=2 \quad 9+6=15 \quad 7+4=11 \quad 3+2=5 \quad 3+0+3=6$

$1+5=6 \quad 1+1=2$

$2+6+2+5=15$

$1+5$

6

结论：数位和相等，原式成立。

例4：检验 $5372 - 2111 - 1182 = 2079$

$$5372 \quad - \quad 2111 \quad - \quad 1182 \quad = \quad 2079$$
$$5+3+7+2=17 \quad 2+1+1+1=5 \quad 1+1+8+2=12 \quad 2+0+7+9=18$$
$$1+2=3 \qquad 1+8=9$$

$$17-5-3$$
$$9$$

结论：数位和相等，原式成立。

例5：检验 $18.6 \times 71.7 = 1333.62$

$$18.6 \quad \times \quad 71.7 \quad = \quad 1333.62$$
$$1+8+6=15 \quad 7+1+7=15 \quad 1+3+3+3+6+2=18$$
$$1+5=6 \qquad 1+5=6 \qquad 1+8=9$$

$$6 \times 6$$
$$36$$
$$3+6=9$$

结论：数位和相等，原式成立。

强化练习

① 检验 $77 + 81 + 525 + 927 = 1610$

② 检验 $1117 - 11 - 927 = 179$

③ 检验 $9 \times 13 \times 8 \times 30 = 28080$

④ 检验 $4.25 \times 31 \times 27 = 3557.25$

⑤ 检验 $985 - 17 - 372 - 48 = 548$

⑥ 检验 $18 + 275 + 74 + 621 = 988$

⑦ 检验 $17 \times 52 \times 50 \times 64 = 2828800$

⑧ 检验 $7.8 \times 11 \times 231 \times 44 = 872071.2$

⑨ 检验 $151 + 86 + 63 + 74 = 374$

⑩ 检验 $6951 - 3278 - 161 - 275 = 3237$

第十节
11 余数法

基本规则

无论对给定数执行了怎样的操作，我们要对它们的 11 余数也做同样的操作。如果答案是正确的，那么 11 余数的操作结果必然等于答案的 11 余数。

注：我们可以用 11 余数法来代替数位和法。那么如何求得一个数的 11 余数呢？主要有以下两种情况：

第一种情况：两位数

为了找出一个两位数的 11 余数，比如 48，我们用个位数字减去十位数字。对于 48 我们用 8 减去 4 等于 4。48 的 11 余数就是 4。如果我们用 48 除以 11，也会得到相同的余数结果。

有时我们不能这样做减法，因为十位数字可能大于个位数字，例如 86 的十位和个位数字就是这样。对于这种情况，我们通过将个位数字加上 11 使其变得足够大，然后再减十位数字。对于 86，就用 6 加 11 等于 17，然后减去 8 等于 9。

第二种情况：比两位数长的所有数

这里使用的方法就是"使用每一个间隔数位"。这就是说，我们从这个数的右端开始，在回到左端的过程中求隔位数位的和，然后我们再提取之前跳过的数位和并减去它们。以 943 021 758 为例。从右端 8 开始，然后向左进行处理，加上每个隔位数位：

$8 + 7 + 2 + 3 + 9 = 29$

然后回到右数第二个数位，也就是这个长数中的 5，并提取先前跳过的数位：

5 + 1 + 0 + 4 = 10

然后相减：

29 − 10 = 19

这个 19 还需要进行精简，就像我们之前必须将我们的数位和精简到单个数字一样。在这种方法中，我们用个位数字减去十位数字实现精简：9 − 1 = 8

所以，943021758 的 11 余数为 8。

例题解析

例 1：检验 302 × 114 = 34428

第一步，求出乘数和被乘数以及积的 11 余数：

302   ×   114   =   34428

2 + 3 − 0 = 5   4 + 1 − 1 = 4   8 + 4 + 3 − 2 − 4 = 9

第二步，将乘数和被乘数的 11 余数相乘，再简化：

302 × 114 = 34428

  5 × 4   9

   20

0 + 11 − 2 = 9

结论：11 余数相同，原式成立。

例 2：检验 25 × 17 = 425

第一步，求出乘数、被乘数和商的 11 余数：

25   ×   17   =   425

5 − 2 = 3   7 − 1 = 6   5 + 4 − 2 = 7

第二步，将乘数和被乘数的 11 余数相乘，再简化：

25 × 17 = 425

  3 × 6   7

   18

8 − 1 = 7

结论：11 余数相同，原式成立。

例3：检验 $70 + 148 = 218$

第一步，求被加数、加数以及和的 11 余数：

70	+	148	=	218
0+11–7=4		8+1–4=5		8+2–1=9

第二步，将被加数和加数的11余数相加：

$$4+5$$

$$9$$

结论：11 余数相同，原式成立。

例4：检验 $273 - 68 = 205$

第一步，求被减数、减数以及差的 11 余数：

273	–	68	=	205
3+2+11–7=9		8–6=2		5+2–0=7

第二步，将被减数和减数的11余数相减：

$$9-2$$

$$7$$

结论：11 余数相同，原式成立。

强化练习

① $5273 \times 54 = 284742$

② $273 \times 154 = 42042$

③ $77 + 25 = 102$

④ $1980 + 1117 = 3097$

⑤ $4927 - 155 = 4812$

⑥ $1213 - 756 = 457$

⑦ $614 + 15 + 272 = 901$

⑧ $27 \times 121 = 3267$

⑨ $18 \times 15 = 270$

⑩ $311 - 205 = 106$